建筑工程施工技术培训丛书

砌体工程施工技术

孙培祥　主编

中国铁道出版社

2012年·北京

内 容 提 要

　　本书主要内容包括:砖砌体工程施工,砌块砌体的砌筑施工,石砌体的砌筑施工,配筋砌体构件施工,圈梁、墙梁施工,混合结构房屋砌筑施工,瓦屋面施工,其他砌筑施工,砌筑工程的季节施工等。

　　本书简明扼要、通俗易懂,具有很强的实用性和可操作性。可作为建筑工程砌筑工职业培训用书,也可作为建筑砌体工程施工技术的现场指导用书。

图书在版编目(CIP)数据

砌体工程施工技术/孙培祥主编. —北京:中国铁道出版社,2012.11
(建筑工程施工技术培训丛书)
ISBN 978-7-113-15247-5

　Ⅰ.①砌… 　Ⅱ.①孙… 　Ⅲ.①砌块结构—工程施工—施工技术—技术培训—教材 　Ⅳ.①TU754

中国版本图书馆 CIP 数据核字(2012)第 199092 号

书　　名	建筑工程施工技术培训丛书 **砌体工程施工技术**	
作　　者	孙培祥	
策划编辑	江新锡　　曹艳芳	
责任编辑	冯海燕	电话:010-51873193
封面设计	郑春鹏	
责任校对	张玉华	
责任印制	郭向伟	

出版发行:中国铁道出版社(100054,北京市西城区右安门西街 8 号)

网　　址:http://www.tdpress.com
印　　刷:北京市燕鑫印刷有限公司
版　　次:2012 年 11 月第 1 版　2012 年 11 月第 1 次印刷
开　　本:787mm×1092mm　1/16　印张:11.5　字数:282 千
书　　号:ISBN 978-7-113-15247-5
定　　价:28.00 元

前　言

　　我国经济建设飞速发展，城乡建设规模日益扩大，建筑施工队伍不断增加。建筑工程基层施工人员肩负着重要的施工职责，他们将图纸上的建筑线条和数据，一砖一瓦建成实实在在的建筑空间。基层施工人员的技术水平的高低，直接关系到工程项目施工的质量和效率，关系到建筑物的经济效益和社会效益，关系到使用者的生命和财产安全，关系到企业的信誉、前途和发展。为此我们特组织编写该套《建筑工程施工技术培训丛书》。

　　本丛书不仅涵盖了先进、成熟、实用的建筑工程施工技术，还包括了现代新材料、新技术、新工艺和环境、职业健康安全、节能环保等方面的知识，力求做到技术内容最新、最实用，文字通俗易懂，语言生动，并辅以大量直观的图表，能满足不同文化层次的技术工人和其他读者的需要。

　　本丛书在编写上充分考虑了施工人员的知识需求，形象具体地阐述施工的要点及基本方法，以使读者从理论知识和技能知识两方面掌握关键点，满足施工现场所应具备的技术及操作岗位的基本要求，使刚入行的施工人员与上岗"零距离"接口，尽快入门。

　　《建筑工程施工技术培训丛书》共分 6 个分册，包括：《钢筋工程施工技术》、《防水工程施工技术》、《混凝土工程施工技术》、《脚手架及模板工程施工技术》、《砌体工程施工技术》、《装饰装修工程施工技术》。

　　本丛书所涵盖的内容全面，真正做到了内容的广泛性与结构的系统性相结合，让复杂的内容变得条理清晰，主次分明，有助于广大读者更好地理解和应用。

　　本丛书涉及施工、质量验收、安全生产等一系列生产过程中的技术问题，内容翔实易懂，最大限度地满足了广大施工人员对施工技术方面知识的需求。

　　参加本丛书的编写人员有王林海、孙培祥、栾海明、孙占红、宋迎迎、张正南、武旭日、张学宏、孙欢欢、王双敏、王文慧、彭美丽、李仲杰、李芳芳、乔芳芳、张凌、蔡丹丹、许兴云、张亚、张婧芳、叶梁梁、李志刚、朱天立、贾玉梅、白二堂等。

　　由于我们编写水平有限，书中的缺点在所难免，希望同行和读者给予指正。

编　者

2012 年 10 月

目　　录

第一章　砖砌体工程施工

第一节　砌筑用砖的现场组砌

一、砌砖工艺流程

1. 选砖

砌筑过程中必须学会选砖，尤其是砌清水墙面。砖面的选择很重要，砖选的好，砌出来的墙就整齐好看；选的不好，砌出来的墙就粗糙难看。

选砖时，拿一块砖在手中，用手掌托起，将砖在手掌上旋转（俗称滑砖）或上下翻转，在转动中查看哪一面完整无损。有经验者在取砖时，挑选第一块砖就能选出第二块砖，做到"执一备二眼观三"，动作轻巧自如、得心应手，这样选出的砖才能砌出整齐美观的墙面。当砌清水墙时，应选用规格一致、颜色相同的砖，把表面方整光滑、不弯曲和不缺棱掉角的砖面放在外面，这样砌出的墙才能颜色、灰缝一致。因此，必须练好选砖的基本功，才能保证砌筑墙体的质量。

2. 砍砖

在砌筑时需要打砍加工的砖，按其尺寸不同可分为"七分头"、"半砖"、"二寸头"、"二寸条"，如图 1-1 所示。

砌入墙内的砖，由于摆放位置不同，又可分为卧砖（也称顺砖或眠砖）、陡砖（也称侧砖）、立砖以及顶砖，如图 1-2 所示。

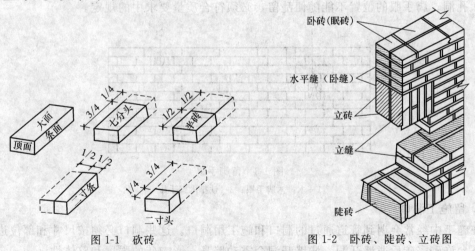

图 1-1　砍砖　　　　　　　图 1-2　卧砖、陡砖、立砖图

砖与砖之间的缝统称灰缝。水平方向砖与砖之间的缝叫水平缝或卧缝；垂直方向砖与砖之间的缝叫立缝（也称头缝）。

在实际操作中，运用砖在墙体上的位置变换排列，有各种叠砌方法。

3. 放砖

砌在墙上的砖必须放平。往墙上放砖时，必须均匀水平地放下，不能一边高一边低，造成砖面倾斜。如果放砖不平的话，砌出的墙会造成向外倾斜（俗称往外张或冲）或向内倾斜（俗称向里背或眠）的现象。有的墙虽然垂直，但因每皮砖放不平，每层砖出现一点马蹄楞，形成鱼鳞墙，不仅墙面不美观，而且影响砌体强度。

4. 跟线穿墙

砌砖必须跟着准线走，俗语叫"上跟线，下跟棱，左右相跟要对平"。就是说砌砖时，砖的上棱边要与准线大约离 1 mm 的距离，下棱边要与下层已砌好的砖棱对平，左右前后位置要准。当砌完每皮砖时，看墙面是否平直，有无高出、低洼、拱出或拱进准线的现象，如有应及时纠正。不但要跟线，还要做到用眼"穿墙"。即从上面第一块砖往下穿看，每层砖都要在同一平面上，如果发现有不在同一平面上时，应及时纠正。

5. 自检

在砌筑过程中，要随时随地进行自检。一般砌三层砖用线锤吊大角看直不直，五层砖用靠尺靠一靠墙面垂直平整度。俗语叫"三层一吊，五层一靠"。当墙砌起一步架时，要用托线板全面检查一下垂直及平整度，特别要注意墙大角要绝对垂直平整，如果发现有偏差的现象，应及时纠正。

砌好的墙千万不能砸、不能撬。如果墙面砌出鼓肚，用砖往里砸使其平整，或者当墙面砌出洼凹，往外撬砖，这些都是不允许的。因砌好的砖，砂浆与砖已黏结，甚至砂浆已凝固，经砸和撬以后，砖面活动，黏结力破坏，墙就不牢固。如果发现墙有大的偏差，应拆除重砌，以保证质量。

6. 留脚手眼

砖墙砌到一定高度时，就需要脚手架。当使用单排立杆架子时，其排木一端就要支放在砖墙上。为了放置排木，砌砖时就要预留出脚手眼。一般在 1 m 高处开始留，间距为 1 m 左右一个。脚手眼孔洞如图 1-3 所示。采用铁排木时，在砖墙上留一砖头大小孔洞即可，不必留大孔洞。脚手眼的位置不能随便乱留，必须符合质量要求中的规定。

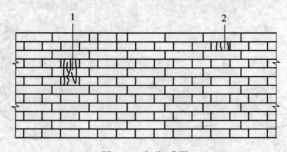

图 1-3　留脚手眼
1—木排木脚手眼；2—铁排木脚手眼

7. 留施工洞口

在施工中经常会遇到管道通过的洞口和施工用洞口。这些洞口必须按尺寸和部位进行预留。不允许砌完砖后凿墙开洞。凿墙开洞会震动墙身，影响砖的强度和整体性。

对需要设置大的施工洞口时，必须留在不重要的部位。如窗台下的墙可暂时不砌，作为内外通道用；或在山墙（无门窗的山墙）中部预留洞，其高度不得大于 2 m，下口宽在 1.2 m 左右，上头呈尖顶形式，这样可以不影响墙的受力。

8. 浇砖

在常温天气下施工时，使用的黏土砖必须在砌筑前 1～2 d 浇水浸湿，一般以水浸入砖四边 1 cm 左右为宜。不要当时用当时浇，更不能在架子上及地槽边浇砖，以防造成塌方或架子因增加重量而沉陷。

浇砖是砌好墙的重要环节。如果用干砖砌墙，砂浆中的水分会被干砖全部吸去，使砂浆失水过多，这样既不易操作，又不能保证水泥硬化所需的水分，从而影响砂浆强度的增长。这对整个砌体的强度和整体性都不利。反之，如果把砖浇得过湿或当时浇砖当时砌墙，砖表面水分过多，形成一层水膜，这些水在砖与砂浆黏结时，会使砂浆增加水分，使其流动性变大。这样，砖的重量往往容易把灰缝压薄，使砖面总低于挂的小线，造成操作困难，严重时会导致砌体变形。此外，稀砂浆也容易流淌到墙面上，弄脏墙面。所以，以上两种情况对砌筑质量都不能起到积极作用，必须避免。

浇砖还能把砖表面的粉尘、泥土冲洗干净，对砌筑质量有利。砌筑灰砂砖时，可适当洒水后再砌筑。冬期施工由于浇水砖会发生冰冻，且在砖表面结成冰膜，不能和砂浆很好结合。此外，冬期水分蒸发量也小，因此冬期施工不要浇砖。

二、砖砌体的组砌要求

1. 砌体必须错缝

砖砌体是由一块一块的砖，利用砂浆作为填缝和黏结材料，组砌成墙体和柱子。为避免砌体出现连续的垂直通缝，保证砌体的整体强度，必须上下错缝、内外搭砌，并要求砖块最少应错缝 1/4 砖长，且不小于 60 mm。在墙体两端采用"七分头"、"二寸条"来调整错缝，如图 1-4 所示。

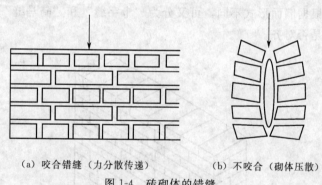

(a) 咬合错缝（力分散传递）　　　　(b) 不咬合（砌体压散）

图 1-4　砖砌体的错缝

2. 墙体连接必须具有整体性

为了使建筑物的纵横墙相连搭接成一整体，增强其抗震能力，要求墙的转角和连接处要尽量同时砌筑；如不能同时砌筑时，必须在先砌的墙上留出接槎（俗称留槎），后砌的墙体要镶入接槎内（俗称咬槎）。砖墙接槎的砌筑方法合理与否、质量好坏，对建筑物的整体性影响很大。正常的接槎按规范规定采用两种形式：一种是斜槎（俗称退槎或踏步槎），是在墙体连接处将待接砌墙的槎口砌成台阶形式，其高度一般不大于 1.2 m（一步架），长度不少于高度的 2/3，其做法如图 1-5 所示；另一种是直槎（俗称马牙槎），是每隔一皮砌出墙外 1/4 砖，作为接槎之用，并且沿高度每隔 500 mm 加 2ϕ6 拉结钢筋，每边伸入墙内不宜小于 50 cm，其做法如图 1-6 所示。

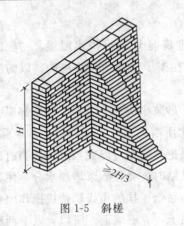

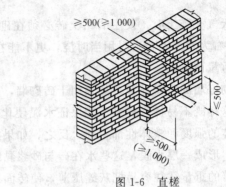

图 1-5 斜槎   图 1-6 直槎

3. 控制水平灰缝厚度

砌体水平方向的灰缝叫水平灰缝。水平灰缝的厚度为 8～12 mm，一般为 10 mm。如果水平灰缝太厚，会使砌体的压缩变形过大，砌上去的砖会发生滑移，对墙体的稳定性不利；水平灰缝太薄则不能保证砂浆的饱满度和均匀性，对墙体的黏结性、整体性产生不利影响。砌筑时，在墙体两端和中部架设皮数杆、拉通线来控制水平灰缝厚度，同时要求砂浆的饱满程度应不低于 80%。

三、单片墙的组砌方法

1. 一顺一丁砌法

一顺一丁砌法，又叫满丁满条砌法。这种砌法第一皮排顺砖，第二皮排丁砖，操作方便，施工效率高，又能保证搭接错缝。一顺一丁砌法是一种常见的排砖形式，如图 1-7 所示。一顺一丁砌法根据墙面形式不同，可又分为"十字缝"和"骑马缝"两种。两者的区别仅在于顺砌时条砖是否对齐。

图 1-7 一顺一丁砌法

2. 梅花丁砌法

梅花丁砌法是指一面墙的每一皮中均采用丁砖与顺砖左右间隔砌成，每一块丁砖均在上下两块顺砖长度的中心，上下皮竖缝相错 1/4 砖长，如图 1-8 所示。该砌法灰缝整齐，外表美观，结构的整体性好，但砌筑效率较低，适合于砌筑一砖或一砖半的清水墙。当砖的规格偏差较大时，采用梅花丁砌法有利于减少墙面的不整齐性。

3. 三顺一丁砌法

三顺一丁砌法是指一面墙的连续三皮中全部采用顺砖与一皮中全部采用丁砖上下间隔砌成，上下相邻两皮顺砖间的竖缝相互错开 1/2 砖长（125 mm），上下皮顺砖与丁砖间竖缝相互错开 1/4 砖长，如图 1-9 所示。该砌法因砌顺砖较多，所以砌筑速度快，但因丁砖拉结较少，结构的整体性较差，在实际工程中应用较少，适用于砌筑一砖墙和一砖半墙（此时墙的另一面为一顺三丁砌法）。

图 1-8　梅花丁砌法　　　　　图 1-9　三顺一丁砌法

4. 两平一侧砌法

两平一侧砌法是指一面墙连续两皮平砌砖与一皮侧立砌的顺砖上下间隔砌成。当墙厚为 3/4 砖时，平砌砖均为顺砖，上下皮平砌顺砖的竖缝相互错开 1/2 砖长，上下皮平砌顺砖与侧砌顺砖的竖缝相错 1/2 砖长；当墙厚为 $1\frac{1}{4}$ 砖时，只上下皮平砌丁砖与平砌顺砖或侧砌顺砖的竖缝相错 1/4 砖长，其余与墙厚为 3/4 砖的相同，如图 1-10 所示。两平一侧砌法只适用于 3/4 砖和 $1\frac{1}{4}$ 砖墙。

5. 全顺砌法

全顺砌法是指一面墙的各皮砖均为顺砖，上下皮竖缝相错 1/2 砖长，如图 1-11 所示。此砌法仅适用于半砖墙。

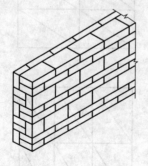
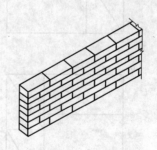

图 1-10　两平一侧砌法　　　　　图 1-11　全顺砌法

6. 全丁砌法

全丁砌法是指一面墙的每皮砖均为丁砖，上下皮竖缝相错 1/4 砖长，适用于砌筑一砖、一砖半、两砖的圆弧形墙、烟囱筒身和圆井圈等，如图 1-12 所示。

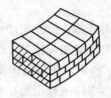

图 1-12　全丁砌法

四、矩形砖柱的组砌方法

砖柱一般分为矩形、圆形、正多角形和异型等几种。矩形砖柱分为独立柱和附墙柱两类；圆形柱和正多角形柱一般为独立砖柱；异型砖柱应用较少，现在通常由钢筋混凝土柱来代替。

普通矩形砖柱截面尺寸不应小于 240 mm×365 mm。

240 mm×365 mm 砖柱组砌：只用整砖左右转换叠砌，但砖柱中间始终存在一道长 130 mm 的垂直通缝，一定程度上削弱了砖柱的整体性，这是一道无法避免的竖向通缝；如要承受较大荷载时，每隔数皮砖在水平灰缝中放置钢筋网片。图 1-13 所示为 240 mm×365 mm 砖柱的分皮砌法。

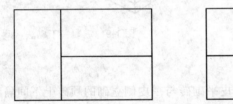

图 1-13　240 mm×365 mm 砖柱分皮砌法

365 mm×365 mm 砖柱有两种组砌方法：一种是每皮中采用三块整砖与两块配砖组砌，但砖柱中间有两条长 130 mm 的竖向通缝；另一种是每皮中均用配砖砌筑，如配砖用整砖砍成，则费工费料。图 1-14 所示为 365 mm×365 mm 砖柱的两种组砌方法。

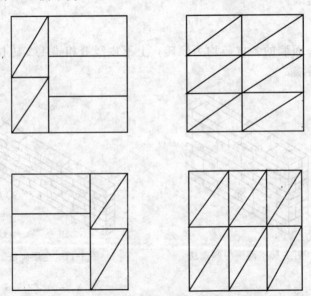

图 1-14　365 mm×365 mm 砖柱分皮砌法

　　365 mm×490 mm 砖柱有三种组砌方法：第一种砌法是隔皮用 4 块配砖，其他都用整砖，但砖柱中间有两道长 250 mm 的竖向通缝；第二种砌法是每皮中用 4 块整砖、两块配砖与一块半砖组砌，但砖柱中间有三道长 130 mm 的竖向通缝；第三种砌法是隔皮用一块整砖和一块半砖，其他都用配砖，平均每两皮砖用 7 块配砖，如配砖用整砖砍成，则费工费料。图 1-15 所示为 365 mm×490 mm 砖柱的三种分皮砌法。

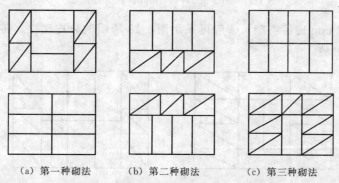

（a）第一种砌法　　　（b）第二种砌法　　　（c）第三种砌法

图 1-15　365 mm×490 mm 砖柱分皮砌法

　　490 mm×490 mm 砖柱有三种组砌方法：第一种砌法是两皮全部用整砖与两皮整砖、配砖、1/4 砖（各 4 块）轮流叠砌，砖柱中间有一定数量的通缝，但每隔一两皮便进行拉结，使之有效地避免竖向通缝的产生；第二种砌法是全部由整砖叠砌，砖柱中间每隔三皮竖向通缝才有一皮砖进行拉结；第三种砌法是每皮砖均用 8 块配砖与 2 块整砖砌筑，无任何内外通缝，但配砖太多，如配砖用整砖砌成，则费工费料。图 1-16 所示为 490 mm×490 mm 砖柱分皮砌法。

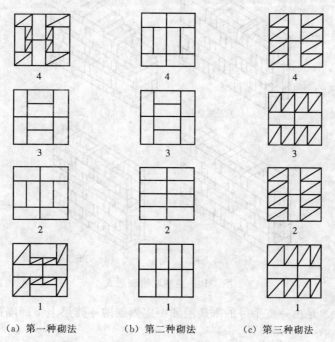

（a）第一种砌法　　　（b）第二种砌法　　　（c）第三种砌法

图 1-16　490 mm×490 mm 砖柱分皮砌法

　　365 mm×615 mm 砖柱组砌：一般可采用图 1-17 所示的分皮砌法。每皮中都要采用整砖与配砖，隔皮还要用半砖，半砖每砌一皮后，与相邻丁砖交换一下位置。

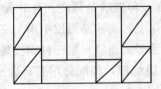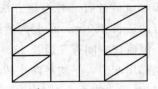

图 1-17   365 mm×490 mm 砖柱分皮砌法

490 mm×615 mm 砖柱组砌：一般可采用图 1-18 所示的分皮砌法。砖柱中间存在两条长 60 mm 的竖向通缝。

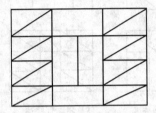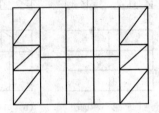

图 1-18   490 mm×615 mm 砖柱分皮砌法

五、空斗墙的组砌方法

1. 空斗墙的组砌

(1) 无眠空斗，是全部由侧立丁砖和侧立顺砖砌成的斗砖层构成的，无平卧丁砌的眠砖层。空斗墙中的侧立丁砖也可以改成每次只砌一块侧立丁砖，如图 1-19（a）所示。

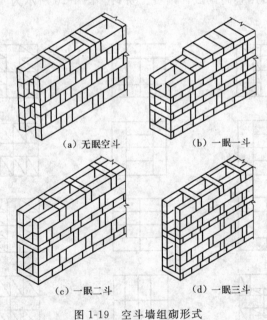

(a) 无眠空斗   (b) 一眠一斗

(c) 一眠二斗   (d) 一眠三斗

图 1-19   空斗墙组砌形式

(2) 一眠一斗，是由一皮平卧的眠砖层和一皮侧砌的斗砖层上下间隔砌成的，如图1-19（b）所示。

(3) 一眠二斗，是由一皮眠砖层和二皮连续的斗砖层相间砌成的，如图 1-19（c）所示。

(4) 一眠三斗，是由一皮眠砖层和三皮连续的斗砖层相间砌成的，如图 1-19（d）所示。无论采用哪一种组砌方法，空斗墙中每一皮斗砖层每隔一块侧砌顺砖必须侧砌一块或两块丁砖，相邻两皮砖之间均不得有连通的竖缝。

2. 空斗墙应用眠砖或丁砖砌成实心砌体的部位

空斗墙一般用水泥混合砂浆或石灰砂浆砌筑。在有眠空斗墙中，眠砖层与丁砖层接触处以及丁砖层与眠砖层接触处，除两端外，其余部分不应填塞砂浆。空斗墙的水平灰缝厚度和竖向灰缝宽度一般为 10 mm，但不应小于 8 mm，也不应大于 12 mm。空斗墙留置的洞口，必须在砌筑时留出，严禁砌完后再行砍凿。

空斗墙在下列部位应用眠砖或丁砖砌成实心砌体。

（1）墙的转角处和交接处。

（2）室内地坪以下的全部砌体。

（3）室内地坪和楼板面上要求砌三皮实心砖。

（4）三层房屋的外墙底层的窗台标高以下部分。

（5）楼板、圈梁、格栅和檩条等支承面下三至四皮砖的通长部分，且砂浆的强度等级不低于 M2.5。

（6）梁和屋架支承处按设计要求的部分。

（7）壁柱和洞口的两侧 24 cm 范围内。

（8）楼梯间的墙、防火墙、挑檐以及烟道和管道较多的墙及预埋件处。

（9）做框架填充墙时，与框架拉结筋的连接宽度内。

（10）屋檐和山墙压顶下的两皮砖部分。

六、砖垛的组砌方法

砖垛的砌筑方法，要根据墙厚不同及垛的大小而定，无论哪种砌法都应使垛与墙身逐皮搭接，不可分离砌筑，搭接长度至少为 1/2 砖长。垛根据错缝需要，可加砌七分头砖或半砖。砖垛截面尺寸不应小于 125 mm×240 mm。

砖垛施工时，应使墙与垛同时砌，不能先砌墙后砌垛或先砌垛后砌墙。

125 mm×240 mm 砖垛组砌，一般可采用如图 1-20 所示的分皮砌法，砖垛的丁砖隔皮伸入砖墙内 1/2 砖长。

125 mm×365 mm 砖垛组砌，一般可采用如图 1-21 所示的分皮砌法，砖垛的丁砖隔皮伸入砖墙内 1/2 砖长，隔皮要用两块配砖及一块半砖。

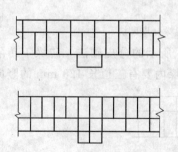
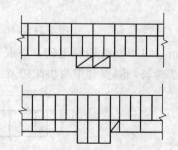

图 1-20　125 mm×240 mm 砖垛分皮砌法　　　图 1-21　125 mm×365 mm 砖垛分皮砌法

125 mm×490 mm 砖垛组砌，一般采用如图 1-22 所示的分皮砌法，砖垛丁砖隔皮伸入砖墙内 1/2 砖长，隔皮要用两块配砖及一块半砖。240 mm×240 mm 砖垛组砌，一般采用如图 1-23 所示的分皮砌法。砖垛丁砖隔皮伸入砖墙内 1/2 砖长，不用配砖。

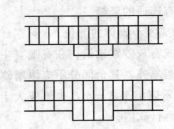

图 1-22　125 mm×490 mm 砖垛分皮砌法

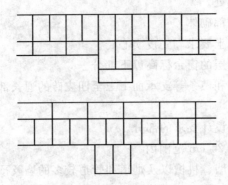

图 1-23　240 mm×240 mm 砖垛分皮砌法

240 mm×365 mm 砖垛组砌，一般采用如图 1-24 所示的分皮砌法。砖垛丁砖隔皮伸入砖墙内 1/2 砖长，隔皮要用两块配砖。砖垛内要有两道长 120 mm 的竖向通缝。

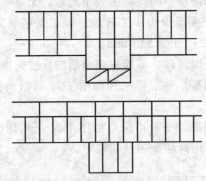

图 1-24　240 mm×365 mm 砖垛分皮砌法

240 mm×490 mm 砖垛组砌，一般采用如图 1-25 所示的分皮砌法。砖垛丁砖隔皮伸入砖墙内 1/2 砖长，隔皮要用两块配砖及一块半砖。砖垛内要有三道长 120 mm 的竖向通缝。

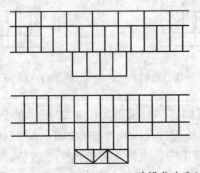

图 1-25　240 mm×490 mm 砖垛分皮砌法

七、砖砌体转角及交接处的组砌方法

1. 砖砌体转角的组砌方法

砖墙的转角处，为了使各皮间竖缝相互错开，必须在外角处砌七分头砖。当采用一顺一丁组砌时，七分头的顺面方向依次砌顺砖，丁面方向依次砌丁砖。

一顺一丁砌一砖墙转角，如图 1-26 所示；一顺一丁砌一砖半墙转角，如图 1-27 所示。

当采用梅花丁组砌时，在外角仅砌一块七分头砖，七分头砖的顺面相邻砌丁砖，丁面相邻砌顺砖。

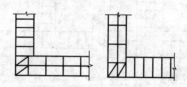

图 1-26　一砖墙转角（一顺一丁）

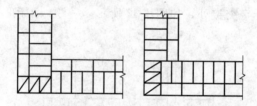

图 1-27　一砖半墙转角（一顺一丁）

梅花丁砌一砖墙转角，如图 1-28 所示；梅花丁砌一砖半墙转角，如图 1-29 所示。

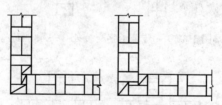

图 1-28　一砖墙转角（梅花丁）

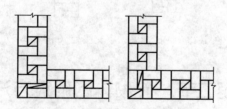

图 1-29　一砖半墙转角（梅花丁）

2. 砖砌体交接处的组砌方法

在砖墙的丁字交接处，应分皮相互砌通，内角相交处竖缝应错开 1/4 砖长，并在横墙端头处加砌七分头砖。

一顺一丁砌一砖墙丁字交接处，如图 1-30 所示；一顺一丁砌一砖半墙丁字交接处，如图 1-31 所示。

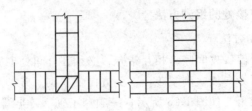

图 1-30　一砖墙丁字交接处（一顺一丁）

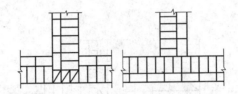

图 1-31　一砖半墙丁字交换处（一顺一丁）

砖墙的十字交接处，应分皮相互砌通，交角处的竖缝相互错开 1/4 砖长。

一顺一丁砌一砖墙十字交接处，如图 1-32 所示；一顺一丁砌一砖半墙十字交接处，如图 1-33 所示。

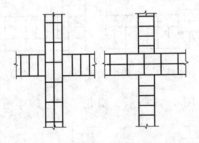

图 1-32　一砖墙十字交接处（一顺一丁）

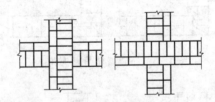

图 1-33　一砖半墙十字交接处（一顺一丁）

第二节　砖砌体的砌筑方法

一、瓦刀披灰法

瓦刀披灰法又称满刀灰法或带刀灰法，是指在砌砖时，先用瓦刀将砂浆抹在砖黏结面上和砖的灰缝处，然后将砖用力按在墙上的方法，如图 1-34 所示。该方法是一种常见的砌筑方法，适用于空斗墙、1/4 砖墙、平拱、弧拱、窗台、花墙、炉灶等的砌筑。但要求稠度大、黏性好的砂浆与之配合，也可使用黏土砂浆和白灰砂浆。

通常使用瓦刀操作时，右手拿瓦刀，左手拿砖，先用瓦刀把砂浆正手刮在砖的侧面，然后反手将砂浆抹满砖的大面，并在另一侧刮上砂浆。要刮布均匀，中间不要留空隙，四周可以厚一些，中间薄些。与墙上已砌好的砖接触的头缝即碰头灰也要刮上砂浆。当砖块刮好砂浆后，即可放在墙上，挤压至与准线平齐。如有挤出墙面的砂浆，须用瓦刀刮下填于竖缝内。

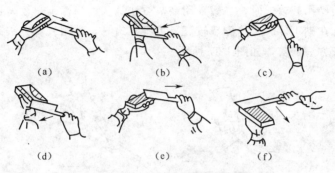

(a)　　　(b)　　　(c)
(d)　　　(e)　　　(f)

图 1-34　瓦刀披灰法砌砖

　　用瓦刀披灰法砌筑，能做到刮浆均匀、灰缝饱满，有利于初学砖瓦工者的手法锻炼。此法历来被列为砌筑工入门的基本训练之一。但其工效低，劳动强度大。

瓦刀的介绍

　　瓦刀又叫泥刀或砌刀，是用以砍砖、打灰条、摊铺砂浆的一种工具。瓦刀又分为片刀和条刀两种，如图 1-35 所示。

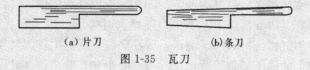

(a) 片刀　　　(b)条刀
图 1-35　瓦刀

二、"三一"砌砖法

　　"三一"砌砖法的基本操作流程是"一铲灰、一块砖、一挤揉"。

　　(1) 步法。操作时，人应顺墙体斜站，左脚在前，离墙约 15 cm，右脚在后，距墙及左脚跟约 30～40 cm。砌筑方向是由前往后退着走，这样操作可以随时检查已砌好的砖是否平直。砌完 3～4 块砖后，左脚后退一大步约 70～80 cm，右脚后退半步，人斜对墙面可砌约 50 cm，砌完后左脚后退半步，右脚后退一步，恢复到开始砌砖时位置，如图 1-36 所示。

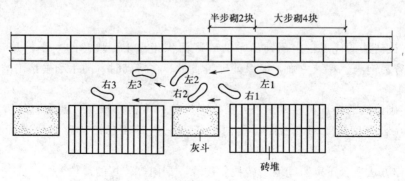

图 1-36　"三一"砌砖法的步法平面

　　(2) 铲灰取砖。铲灰时，应先用铲底摊平砂浆表面（便于掌握吃灰量），然后用手腕横向转动来铲灰，减少手臂动作，取灰量要根据灰缝厚度，以满足一块砖的需要量为准。取砖时，应随拿砖随挑选好下一块砖。左手拿砖，右手拿砂浆，同时拿起来，以减少弯腰次数，争取砌筑时间。

（3）铺灰。将砂浆铺在砖面上的动作可分为"甩、溜、丢、扣"等几种。在砌顺砖时，当墙砌得不高且距操作处较远时，一般采用溜灰方法铺灰；当墙砌得较高近身砌砖时，常用扣灰方法铺灰。在砌丁砖时，当砌墙较高且近身砌筑时，常用丢灰方法铺灰；在其他情况下，还经常用扣灰方法铺灰，如图 1-37 所示。

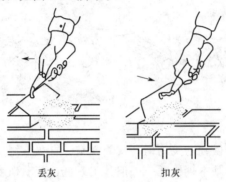

丢灰　　　　　　　　扣灰

图 1-37　砌丁砖时铺灰

不论采用哪一种铺灰动作，都要求铺出的灰条要近似砖的外形，长度比一块砖稍长 1～2 cm，宽约 8～9 cm，灰条距墙外面约 2 cm，并与前一块砖的灰条相接。

（4）揉挤。左手拿砖在离已砌好的前砖约 3～4 cm 处开始平放推挤，并用手轻揉。在揉砖时，眼要上边看线，下边看墙皮，左手中指随即同时伸出，摸一下上、下砖棱是否齐平。砌好一块砖后，随即用铲将挤出的砂浆刮回，放在竖缝中或随手投入灰斗中。揉砖的目的是使砂浆饱满。铺在砖上的砂浆如果较薄，揉的力度要小些；砂浆较厚时，揉的力度要稍大一些。根据已铺砂浆的位置要前后揉或左右揉。总之，以揉到下齐砖棱上齐线为宜，要做到平齐、轻放、轻揉，如图 1-38 所示。

图 1-38　揉砖

"三一"砌砖法的优点：由于铺出来的砂浆面积相当于一块砖的大小，并且随即揉砖。因此，灰缝容易饱满，黏结力强，能保证砌筑质量。在挤砌时，随手刮去挤出的砂浆，使墙保持清洁。

"三一"砌砖法的缺点：一般是个人操作，操作时取砖、铲灰、铺灰、转身、弯腰等烦琐动作较多，影响砌筑效率，因而可用两铲灰砌三块砖或三铲灰砌四块砖的办法来提高效率。

这种操作方法适合于砌窗间墙、砖柱、砖垛、烟囱等较短的部位。

三、坐浆砌砖法

坐浆砌砖法又称摊尺砌砖法，是指在砌砖时，先在墙上铺 50 cm 左右的砂浆，用摊尺找平，然后在已铺设好的砂浆上砌砖的方法，如图 1-39 所示。该方法适用于砌门窗洞较多的砖墙或砖柱。

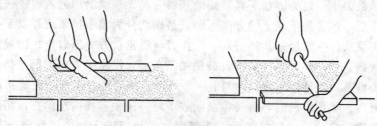

图 1-39　坐浆砌砖法

（1）操作要点。操作时，人站立的位置距离墙面约 10~15 cm 之间，左脚在前，右脚在后，人斜对墙面，随着砌筑前进方向退着走，每退一步可砌 3~4 块顺砖长。

操作时通常使用瓦刀，用灰勺和大铲舀砂浆，均匀地倒在墙上，然后左手拿摊尺刮平。砌砖时左手拿砖，右手用瓦刀在砖的头缝处打上砂浆，随即砌上砖并压实。砌完一段铺灰长度后，将瓦刀放在最后砌完的砖上，转身再舀灰，如此逐段铺砌。每次砂浆摊铺长度应看气温高低、砂浆种类及砂浆稠度而定，每次砂浆摊铺长度不宜超过 75 cm，气温在 30℃ 以上，不应超过 50 cm。

大铲的介绍

大铲是适用于铲灰、铺灰和刮浆的工具，在操作中可以用它随时调和砂浆。大铲以桃形居多，也有长三角形大铲、长方形大铲和鸳鸯大铲等形式。大铲是实施"三一"（一铲灰、一块砖、一挤揉）砌筑法的关键工具，如图 1-40 和图 1-41 所示。

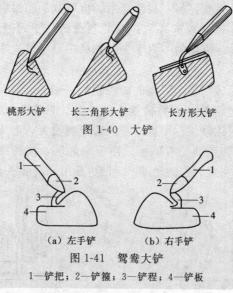

桃形大铲　　长三角形大铲　　长方形大铲

图 1-40　大铲

（a）左手铲　　（b）右手铲

图 1-41　鸳鸯大铲

1—铲把；2—铲箍；3—铲程；4—铲板

（2）注意事项。在砌筑时，应注意砖块头缝的砂浆另外用瓦刀抹上去，不允许在铺平的砂浆上刮取，以免影响水平灰缝的饱满程度。摊尺铺灰砌筑过程中，当砌一砖墙时，可一人自行铺灰砌筑；墙较厚时，可组成二人小组，一人铺灰，一人砌墙，分工协作，密切配合，这样可以提高工效。

该方法因摊尺厚度同灰缝一样为 10 mm，故灰缝厚度能够控制，便于掌握砌体的水平缝平直。又由于铺灰时摊尺靠墙阻挡砂浆流到墙面，所以墙面清洁美观，砂浆耗损少。但砖只能摆砌，不能挤砌，同时铺好的砂浆容易失水变稠干硬，因此黏结力较差。

四、铺灰挤砌法

铺灰挤砌法是采用一定的铺灰工具，如铺灰器等，先在墙上用铺灰器铺一段砂浆，然后将砖紧压于砂浆层，推挤砌于墙上的方法。铺灰挤砌法分为单手挤浆法和双手挤浆法两种。

（1）单手挤浆法。一般用铺灰器铺灰，操作者应沿砌筑方向退着走。砌顺砖时，左手拿砖距前面的砖块约 5~6 cm 处将砖放下，砖稍稍蹭灰面，沿水平方向向前推挤，把砖前灰浆推起作为立缝处砂浆（俗称挤头缝），如图 1-42 所示，并用瓦刀将水平灰缝挤出墙面的灰浆刮清甩填于立缝内。当砌顶砖时，将砖擦灰面放下后，用手掌横向往前挤，挤浆的砖口要略呈倾斜，用手掌横向往前挤，到将接近一指缝时，砖块略向上翘，以便带起灰浆挤入立缝内，将砖压至与准线平齐为止，并将内外挤出的灰浆刮清，甩填于立缝内。

图 1-42　单手挤浆法

当砌墙的内侧顺砖时，应将砖由外向里靠，水平向前挤推，这样立缝处砂浆容易饱满，同时用瓦刀将反面墙水平缝挤出的砂浆刮起，甩填于挤砌的立缝内。

挤浆砌筑时，手掌要用力，使砖与砂浆密切结合。

（2）双手挤浆法。双手挤浆法操作时，使靠墙的一只脚脚尖稍偏向墙边，另一只脚向斜前方踏出约 40 cm 左右，随着砌砖动作灵活移动，使两脚很自然地站成"T"字形。身体离墙约 7 cm 左右，胸部略向外倾斜。这样，便于操作者转身拿砖、挤砖和看棱角。

拿砖时，靠墙的一只手先拿，另一只手后拿，也可双手同时取砖；两眼要迅速查看砖的边角，将棱角整齐的一边先砌在墙的外侧；取砖和选砖几乎同时进行。为此，操作必须熟练，无论是砌顶砖还是顺砖，靠墙的一只手先挤，另一只手迅速跟着挤砌。其他操作方法与单手挤浆法相同。

如砌丁砖，当手上拿的砖与墙上原砌的砖相距约 5~6 cm 时，如砌顺砖，距离约 13 cm 时，把砖的一头或一侧抬起约 4 cm，将砖插入砂浆中，随即将砖放平，手掌不要用力挤压，只需依靠砖的倾斜自坠力压住砂浆，平推前进。若竖缝过大，可用手掌稍加压力，将灰缝压实至 1 cm 为止。然后看准砖面，如有不平，用手掌加压，使砖块平整。由于顺砖长，因而要特别注意砖块下齐边棱上平线，以防墙面产生凹进凸出和高低不平现象，如图 1-43 所示。

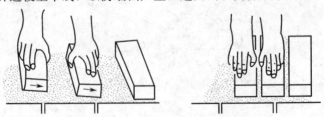

图 1-43　双手挤浆砌丁砖

该方法在操作时减少了每块砖要转身、铲灰、弯腰、铺灰等动作，可大大减轻劳动强度，还可组成两人或三人小组，铺灰、砌砖分工协作，密切配合，可提高工效。此外，由于挤浆时平推平挤，使灰缝饱满，充分保证墙体质量。但要注意，砂浆保水性能不好时且砖湿润又不符合要求时，若操作不熟练、推挤动作稍慢，往往会出现砂浆干硬，造成砌体黏结不良。因此，在砌筑时要求快铺快砌，挤浆时严格掌握平推平挤，避免前低后高，以免把砂浆挤成沟槽，使灰浆不饱满。

五、"二三八一"砌筑法

砌筑工砌砖的动作过程归纳为两种步法、三种弯腰姿势、八种铺灰手法、一种挤浆动作，叫做"二三八一砌砖动作规范"，简称"二三八一"砌筑法。

"二三八一"砌筑法中的两种步法，即操作者以丁字步与并列步交替退行操作；三种身法，即操作过程中采用侧弯腰、丁字步弯腰与并列步弯腰三种弯腰姿势进行操作；八种铺灰手法，即砌条砖采用甩、扣、溜、泼 4 种手法和砌丁砖采用扣、溜、泼、一带二等 4 种手法；一种挤浆动作，即平推挤浆法。

1. 两种步法

砌砖时采用"拉槽取法"，操作者背向砌砖前进方向退步砌筑。开始砌筑时，人斜站成丁字步，左脚在前、右脚在后，后腿紧靠灰斗。这种站立方法稳定有力，可以适应砌筑部位的远近高低变化，只要把身体的重心在前后之间变换，就可以完成砌筑任务。

后腿靠近灰斗以后，右手自然下垂，就可以方便地在灰斗中取灰。右脚绕脚跟稍微转动一下，又可以方便地取到砖块。

砌到近身以后，左脚后撤半步，右脚稍稍移动即成为并列步，操作者基本上面对墙身，又可完成 50 cm 长的砖墙砌筑。在并列步时，靠两脚的稍稍旋转来完成取灰和取砖的动作。

一段砌筑全部砌完后，左脚后撤半步，右脚后撤一步，第二次又站成丁字步，再继续重复前面的动作。每一次步法的循环，可以完成 1.5 m 的墙体砌筑，所以要求操作面上灰斗的排放间距也是 1.5 m。这一点与"三一"砌筑法是一样的。

2. 三种弯腰姿势。

（1）侧身弯腰。当操作者以丁字步的姿势铲灰和取砖时，应采取侧身弯腰的动作，利用后腿微弯、斜肩和侧身弯腰来降低身体的高度，以达到铲灰和取砖的目的。侧身弯腰时动作时间短，腰部只承担轻度的负荷。在完成铲灰取砖后，可借助伸直后腿和转身的动作，使身体重心移向前腿而转换成正弯腰（砌低矮墙身时）。

（2）丁字步正弯腰。当操作者站成丁字步，并砌筑离身体较远的矮墙身时，应采用丁字步正弯腰的动作。

（3）并列步正弯腰。丁字步正弯腰时重心在前腿，当砌到近身砖墙并改换成并列步砌筑时，操作者就取并列步正弯腰的动作。三种弯腰姿势的动作如图 1-44 所示。

（a）丁字步弯腰一　　（b）丁字步弯腰二　　（c）丁字步弯腰三

（d）并列步正弯腰　　（e）侧身弯腰一　　（f）侧身弯腰二

图 1-44　三种弯腰姿势的动作

3. 八种铺灰手法

（1）砌条砖时的四种手法。

1）甩法。甩法是"三一"砌筑法中的基本手法，适用于砌筑离身体部位低而远的墙体。铲取砂浆要求呈均匀的条状，当大铲提到砌筑位置时，将铲面转 90°，使手心向上，同时将灰顺砖面中心甩出，使砂浆呈条状均匀落下，甩灰的动作分解如图 1-45 所示。

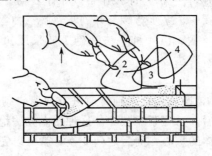

图 1-45　甩灰的动作分解

2）扣法。扣法适用于砌筑近身和较高部位的墙体，人站成并列步。铲灰时以后腿足跟为轴心转向灰斗，转过身来反铲扣出灰条，铲面的运动路线与甩法正好相反，也可以说是一种反甩法，尤其在砌低矮的近身墙时更是如此。扣灰时手心朝下，利用手臂的前推力和落砂浆的重力，使砂浆呈条状均匀落下，其动作形式如图 1-46 所示。

图 1-46　扣灰动作分解

3）泼法。泼法适用于砌筑近身部位及身体后部的墙体，用大铲铲取扁平状的灰条，提到砌筑面上，将铲面翻转，手柄在前，平行向前推进泼出灰条，其手法如图 1-47 所示。

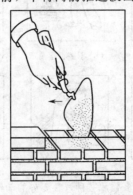

图 1-47　泼灰动作分解

4）溜法。当砌角砖时，铲取扁平状均匀的灰条，将大铲送到墙角，抽铲落灰，使砌角砖减少落地灰。

（2）砌丁砖时的四种手法。

1）砌里丁砖的溜法。溜法适用砌一砖半墙的里丁砖，铲取的灰条要求呈扁平状，前部略厚，铺灰时将手臂伸过准线，使大铲边与墙边取平，采用抽铲落灰的办法，具体方法如图 1-48 所示。

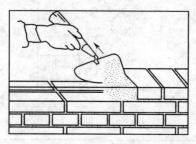

图 1-48　砌里丁砖的溜法

2）砌里丁砖的扣法。铲灰条时要求做到前部略低，扣到砖面上后，灰条外口稍厚，其动作如图 1-49 所示。

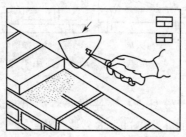

图 1-49　砌里丁砖"扣"的铺灰动作

3）砌外丁砖的泼法。当砌三七墙外丁砖时可采用泼法。大铲铲取扁平状的灰条，泼灰时落点向里移一点，可以避免反面刮浆的动作。砌离身体较远的砖可以平拉反泼，砌近身处的砖采用正泼，其手法如图 1-50 所示。

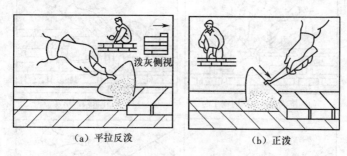

（a）平拉反泼　　　　　　　　　（b）正泼

图 1-50　砌外丁砖时的泼法

砌角砖时，用大铲铲起扁平状的灰条，提送到墙角部位并与墙边取齐，然后抽铲落灰。采用这一手法可减少落地灰，其动作如图 1-51 所示。

4）一带二铺灰法。由于砌丁砖时，竖缝的挤浆面积比条砖大 1 倍，外口砂浆不易挤严，因此，可以先在灰斗处将丁砖的碰头灰打上，再铲取砂浆转身铺灰砌筑，这样做多了一次打灰动作。一带二铺灰法是将这两个动作合并起来，利用在砌筑面上铺灰时，就将砖的丁头伸入落灰处接打碰头灰。这种做法铺灰后要摊一下，砂浆才可摆砖挤浆，在步法上也要做相应变换，其手法如图 1-52 所示。

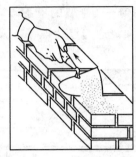

图 1-51 砌角砖"溜"的铺灰动作

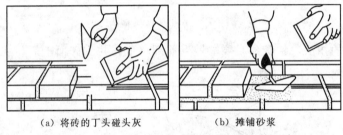

（a）将砖的丁头碰头灰　　　　（b）摊铺砂浆

图 1-52 "一带二"铺灰动作（适用于砌外丁砖）

4. 挤浆

挤浆时，应将砖落在灰条 2/3 处，挤浆平推，将高出灰缝厚度的那部分砂浆挤入竖缝内。如果铺灰过厚，可用揉搓的办法将过多的砂浆挤出。

在挤浆和揉搓时，大铲应及时接刮从灰缝中挤出的余浆并甩入竖缝内，当竖缝严实时也可甩入灰斗中。如果是砌清水墙，可以用铲尖稍稍伸入平缝中刮浆，这样不仅刮了浆，而且减少了勾缝的工作量和节约了材料。挤浆和刮余浆的动作如图 1-53 所示。

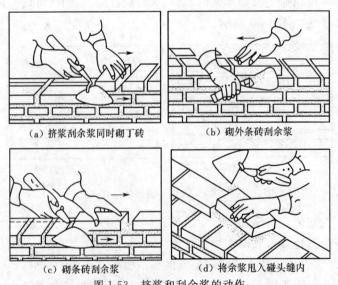

（a）挤浆刮余浆同时砌丁砖　　　　（b）砌外条砖刮余浆

（c）砌条砖刮余浆　　　　（d）将余浆甩入碰头缝内

图 1-53 挤浆和刮余浆的动作

第三节 烧结普通砖砌体

一、砖基础砌筑

1. 施工准备

（1）砖基础工程所用的材料应有产品的合格证书、产品性能检测报告，还应有砖、水泥、外加剂等材料主要性能的进场复验报告。严禁使用国家或本地区明令淘汰的材料。

（2）基槽或基础垫层已完成，并验收及办完隐检手续。

（3）置龙门板或龙门桩，标出建筑物的主要轴线，标出基础及墙身轴线及标高，并弹出基础轴线和边线；立好皮数杆（间距约为 15～20m，转角处均应设立），办完预检手续。

（4）根据皮数杆最下面一层砖的标高，拉线检查基础垫层、表面标高是否合适，如第一层砖的水平灰缝大于 20 mm 时，应用细石混凝土找平，不得用砂浆或在砂浆中掺细砖或碎石处理。

（5）常温天气下施工时，砌砖前 1 d 应将砖浇水湿润，砖以水浸入表面约 10～20 mm 深为宜；雨天作业不得使用含水率呈饱和状态的砖。

（6）砌筑部位的灰渣、杂物应清除干净，基层浇水湿润。

（7）砂浆配合比由实验室根据实际材料确定。准备好砂浆试模。应按试验确定的砂浆配合比拌制砂浆，并搅拌均匀。常温天气下拌好的砂浆应在拌和后 3～4 h 内用完；当气温超过 30℃时，应在 2～3 h 内用完。严禁使用过夜砂浆。

（8）基槽安全防护已完成，无积水，并通过了质检员的验收。

（9）脚手架应随砌随搭设，运输通道通畅，各类机具应准备就绪。

（10）砌筑基础前，应校核放线尺寸，允许偏差应符合表 1-1 的规定。

表 1-1 放线尺寸的允许偏差

长度 L、宽度 B（m）	允许偏差（mm）	长度 L、宽度 B（m）	允许偏差（mm）
L（或 B）≤30	±5	60<L（或 B）≤90	±15
30<L（或 B）≤60	±10	L（或 B）>90	±20

（11）基底标高不同时，应从低处砌起，并应由高处向低处搭砌。当设计无要求时，搭接长度不应小于基础扩大部分的高度。

（12）基础的转角处和交接处应同时砌筑。当不能同时砌筑时，应按规定留槎、接槎。

2. 基础弹线

在基槽四角各相对龙门板的轴线标钉上拴上白线挂紧，沿白线挂线锤，找出白线在垫层面上的投影点，把各投影点连接起来，即基础的轴线。按基础图所示尺寸，用钢尺向两侧量出各道基础底部大脚的边线，在垫层上弹上墨线。如果基础下没有垫层，无法弹线，可将中线或基础边线用大钉子钉在槽沟边或基底上，以便挂线。

3. 设置基础皮数杆

基础皮数杆的位置，应设在基础转角、内外墙基础交接处及高低踏步处，如图 1-54 所示。基础皮数杆上应标明大放脚的皮数、退台、基础的底标高、顶标高以及防潮层的位置等。如果相差不大，可在大放脚砌筑过程中逐皮调整，灰缝可适当加厚或减薄（俗称提灰或刹灰），但要注意在调整中防止砖错层。

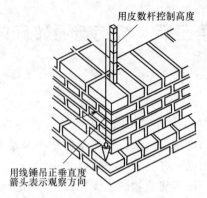

图 1-54　基础皮数杆设置示意

4. 排砖撂底

砌筑基础大放脚时，可根据垫层上弹好的基础线按"退台压丁"的方法先进行摆砖撂底。具体方法：根据基底尺寸边线和已确定的组砌方式及不同的砂浆，用砖在基底的一段长度上干摆一层，摆砖时应考虑竖缝的宽度，并按"退台压丁"的原则进行，上、下皮砖错缝达 1/4 砖长，在转角处用"七分头"来调整搭接，避免立缝、重缝。摆完后应经复核无误才能正式砌筑。为了砌筑时有规律可循，必须先在转角处将角盘起，再以两端转角为标准拉准线，并按准线逐皮砌筑。当大放脚返台到实墙后，再按墙的组砌方法砌筑。排砖撂底工作的好坏，影响到整个基础的砌筑质量，必须严格认真地做好。

常见排砖撂底方法包括六皮三收等高式大放脚（图 1-55）和六皮四收间隔式大放脚（图 1-56）。

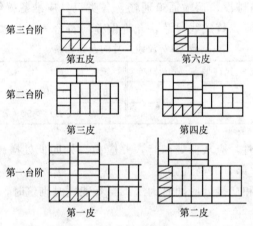

图 1-55　六皮三收等高式大放脚

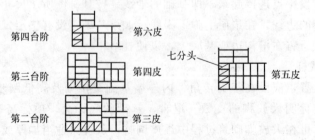

图　1-56

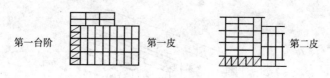

第一台阶　　　第一皮　　　　　　　第二皮

图 1-56　六皮四收间隔式大放脚

烧结普通砖基础构造的介绍

普通砖基础由墙基和大放脚两部分组成。墙基与墙身同厚。大放脚即墙基下面的扩大部分，有等高式和不等高式两种。等高式大放脚是两皮一收，每收一次两边各收进 1/4 砖长；不等高式大放脚是两皮一收与一皮一收相间隔，每收一次两边各收进 1/4 砖长，如图 1-57 所示。

大放脚的底宽应根据设计而定。大放脚各皮的宽度应为半砖长的整数倍（包括灰缝）。

在大放脚下面为基础垫层，垫层一般用灰土、碎砖三合土或混凝土等。

在墙基顶面应设防潮层，防潮层宜用 1:2.5（质量比）水泥砂浆加适量的防水剂铺设，其厚度一般为 20 mm，位置在底层室内地面以下一皮砖处，即离底层室内地面下 60 mm 处。

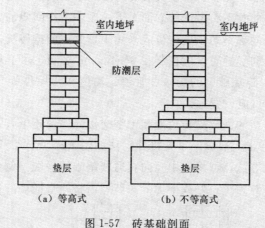

（a）等高式　　　　　（b）不等高式

图 1-57　砖基础剖面

5. 盘角

盘角即在房屋的转角、大角处立皮数杆砌好墙角。每次盘角高度不得超过五皮砖，并需用线锤检查垂直度和用皮数杆检查其标高有无偏差。如有偏差时，应在砌筑大放脚的操作过程中逐皮进行调整（俗称提灰缝或刹灰缝）。在调整中，应防止砖错层，即要避免"螺丝墙"情况。

6. 收台阶

基础大放脚每次收台阶必须用尺量准尺寸，其中部的砌筑应以大角处准线为依据，不能用目测或砖块比量，以免出现误差。在收台阶完成后和砌基础墙之前，应利用龙门板的"中心钉"拉线检查墙身中心线，并用红铅笔将"中"字画在基础墙侧面，以便随时检查复核。

7. 砌筑要点

（1）内外墙的砖基础均应同时砌筑。如因特殊原因不能同时砌筑时，应留设斜槎（踏步槎），斜槎长度不应小于斜槎的高度。基础底标高不同时，应由低处砌起，并由高处向低处搭接；如设计无具体要求时，其搭接长度不应小于大放脚的高度，如图 1-58 所示。

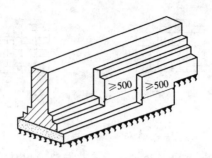

图 1-58　砖基础高低接头处砌法

（2）在基础墙的顶部、首层室内地面（±0.000）以下一皮砖处（−0.060 m），应设置防潮层。如设计无具体要求，防潮层宜采用 1∶2.5 的水泥砂浆加适量的防水剂经机械搅拌均匀后铺设，其厚度为 20 mm。抗震设防地区的建筑物严禁使用防水卷材作基础墙顶部的水平防潮层。

建筑物首层室内地面以下部分的结构为建筑物的基础，但为了施工方便，砖基础一般只能做到防潮层。

（3）基础大放脚的最下一皮砖、每个大放脚台阶的上表层砖，均应采用横放丁砌砖所占比例最多的排砖法砌筑，此时不必考虑外立面上下一顺一丁相间隔的要求，以便增强基础大放脚的抗剪强度。基础防潮层下的顶皮砖也应采用丁砌为主的排砖法。

（4）砖基础水平灰缝和竖缝宽度应控制在 8～12 mm 之间，水平灰缝的砂浆饱满度用百格网检查不得小于 80％。砖基础中的洞口、管道、沟槽和预埋件等，砌筑时，在留出或预埋宽度超过 300 mm 的洞口应设置过梁。

（5）基底宽度为两砖半的大放脚转角处和十字交接处，两砖半大脚转角处砌法处的组砌方法如图 1-59 所示，两砖半大放脚十字交接处砌法如图 1-60 所示。T 形交接处的组砌方法可参照十字接头处的组砌方法，即将图中竖向直通墙基础的一端（例如下端）截断，改用七分头砖作端头砖即可。有时为了正好放下七分头砖，需将原直通墙的排砖向上错半砖长。

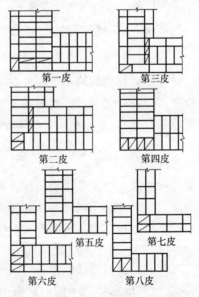

图 1-59　两砖半大放脚转角处砌法

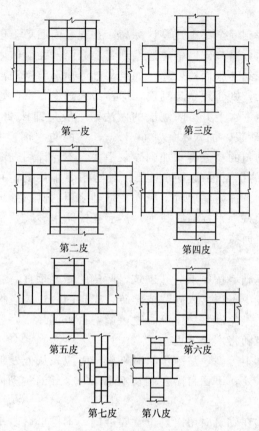

图 1-60 两砖半大放脚十字交接处砌法

（6）基础十字形、T 形交接处和转角处组砌的共同特点是：穿过交接处的直通墙基础的应采用一皮砌通与一皮从交接处断开相间隔的组砌形式；T 形交接处、转角处的非直通墙的基础与交接处也应采用一皮搭接与一皮断开相间隔的组砌形式，并在其端头加七分头砖（3/4砖长，实长应为 177～178 mm）。

（7）砖基础底标高不同时，应从低处砌起，并应由高处向低处搭砌，当设计无要求时，搭砌长度不应小于砖基础大放脚的高度，如图 1-61 所示。

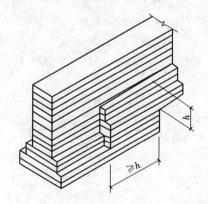

图 1-61 基底标高不同时砖基础的搭砌

（8）砖基础的转角处和交接处应同时砌筑，当不能同时砌筑时，应留置斜槎。

8. 防潮层施工

抹基础防潮层应在基础墙全部砌到设计标高，并在室内回填土已完成时进行。防潮层的设置是为了防止土壤中水分沿基础墙中砖的毛细管上升而侵蚀墙体，造成墙身的表面抹灰层脱落，甚至墙身受潮、冻结膨胀而被破坏。如果基础墙顶部有钢筋混凝土地圈梁，则可以代替防潮层；如没有地圈梁，则必须做防潮层，即在砖基础上，室内地坪±0.000以下60 mm处设置防潮层，以防止地下水上升。防潮层的做法，一般是铺抹20 mm厚的防水砂浆。防水砂浆可采用1∶2水泥砂浆，加入水泥质量3％～5％的防水剂搅拌而成。如使用防水粉，应先把粉剂和水搅拌成均匀的稠浆再添加到砂浆中去，不允许用砌墙砂浆加防水剂来抹防潮层；也可浇筑60 mm厚的细石混凝土防潮层。对防水要求高的，可再在砂浆层上铺油毡，但在抗震设防地区不能用。抹防潮层时，应先在基础墙顶的侧面抄出水平标高线，然后用直尺夹在基础墙两侧，尺面按水平标高线找准，然后摊铺防水砂浆，待砂浆初凝后再用木抹子收压一遍，做到平实且表面拉毛。

9. 注意事项

（1）沉降缝两边的基础墙按要求分开砌筑，两侧的墙要垂直，缝的大小上下要一致，不能贴在一起或者搭砌，缝中不得落入砂浆或碎砖，先砌的一边墙应把舌头灰刮清，后砌的一边墙的灰缝应缩进砖口，避免砂浆堵住沉降缝，影响自由沉降。为避免缝内掉入砂浆，可在缝中间塞上木板，随砌筑随将木板上提。

（2）基础的埋置深度不等高，呈踏步状时，砌砖时应先从低处砌起，不允许先砌上面后砌下面，在高低台阶接头处，下面台阶要砌长不小于50 cm的实砌体，砌到上面后与上面的砖一起退台。

（3）基础预留孔必须在砌筑时留出，位置要准确，不得事后凿基础。

（4）灰缝要饱满，每次收砌退台时应用稀砂浆灌缝，使立缝密实，以抵御水的侵蚀。

（5）基础墙砌完，经验收后进行回填，回填时应在墙的两侧同时进行，以免单面填土使基础墙在土压力下变形。

二、砖墙砌筑

实心砖墙是用烧结普通砖与水泥混合砂浆砌成的，砖的强度等级宜不低于MU10，砂浆强度等级宜不低于M2.5。

烧结普通砖的介绍

（1）砖的外形为直角六面体，其公称尺寸为：长240 mm、宽115 mm、高53 mm，一般配砖尺寸为175 mm×115 mm×53 mm。

（2）根据抗压强度分为MU30、MU25、MU20、MU15、MU10五个强度等级。强度应符合表1-2的规定。

表1-2 烧结普通砖强度等级   （单位：MPa）

强度等级	平均挤抗压强度 f	变异系数 $\delta \leqslant 0.21$	变异系数 $\delta > 0.21$
		强度标准值 f_k	单块最小抗压强度 f_{min}
MU30	≥30.0	≥22.0	≥25.0
MU25	≥25.0	≥18.0	≥22.0
MU20	≥20.0	≥14.0	≥16.0
MU15	≥15.0	≥10.0	≥12.0
MU10	≥10.0	≥6.5	≥7.5

（3）烧结普通砖强度和抗风化性能合格的砖，根据尺寸偏差、外观质量、泛霜和石灰爆裂分为优等品（A）、一等品（B）、合格品（C）三个质量等级。烧结普通砖外观尺寸允许偏差见表1-3；烧结普通砖外观质量允许偏差见表1-4。

表1-3 烧结普通砖外观尺寸允许偏差　　　　　　　　　（单位：mm）

公称尺寸	优 等 品		一 等 品		合 格 品	
	样本平均偏差	样本极差	样本平均偏差	样本极差	样本平均偏差	样本极差
240	±2.0	≤8	±2.5	≤8	±3.0	≤8
115	±1.5	≤6	±2.0	≤6	±2.5	≤7
53	±1.5	≤4	±1.6	≤5	±2.0	≤6

表1-4 烧结普通砖外观质量允许偏差　　　　　　　　　（单位：mm）

项　　目		优 等 品	一 等 品	合 格 品
两条面高度差		≤2	≤3	≤4
弯曲		≤2	≤3	≤4
杂质凸出高度		≤2	≤3	≤4
缺棱掉角的三个破坏尺寸不得同时大于		5	20	30
裂纹长度	大面上宽度方向及其延伸至条面的长度	≤30	≤60	≤80
	大面上长度方向及其延伸至顶面的长度或条顶面上水平裂纹的长度	≤50	≤80	≤100
完整面不得少于		两条面和两顶面	一条面和一顶面	—
颜色		基本一致	—	—

注：凡有下列缺陷之一者，不得称为完整面：

（1）缺损在条面或顶面上造成的破坏面尺寸同时大于10 mm×10 mm；

（2）条面或顶面上裂纹宽度大于1 mm，其长度超过30 mm。

（3）压陷、粘底、焦花在条面或顶面上的凹陷或凸出超过2 mm，区域尺寸同时大于10 mm×10 mm。

（4）砖的外形应该平整、方正，外观应无明显的弯曲、缺棱、掉角、裂缝等缺陷，敲击时发出清脆的金属声，色泽均匀一致。

（5）泛霜。优等品：无泛霜。一等品：不允许出现中等泛霜。合格品：不得严重泛霜。

（6）石灰爆裂。优等品：不允许出现最大尺寸破坏大于2 mm的爆裂区域。一等品：最大破坏尺寸大于2 mm，且小于等于10 mm的爆裂区域，每组砖样不得多于15处；不允许出现最大破坏尺寸大于10 mm的爆裂区域。合格品：最大破坏尺寸大于2 mm，且小于等于15 mm的爆裂区域，每组砖样不得多于15处，其中大于10 mm的不得多于7处；不允许出现最大破坏尺寸大于15 mm的爆裂区域。

1. 实心砖墙组砌方式

实心墙体一般采用一顺一丁（满丁满条）、梅花丁或三顺一丁砌法，如图1-62所示，其中代号M的多孔砖的砌筑形式只有全顺，每皮均为顺砖，其砖孔平行于墙面，上下皮竖缝相互错开1/2砖长，如图1-63所示。

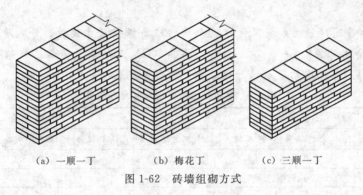

(a) 一顺一丁   (b) 梅花丁   (c) 三顺一丁

图 1-62　砖墙组砌方式

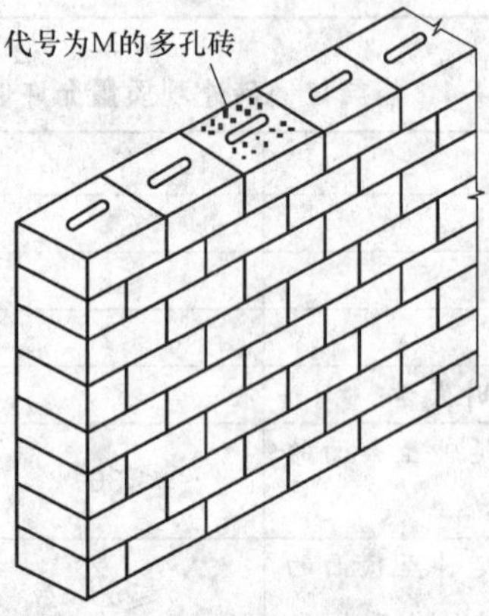

代号为M的多孔砖

图 1-63　代号 M 多孔砖砌筑形式

　　代号 P 的多孔砖有一顺一丁及梅花丁两种砌筑形式，一顺一丁是一皮顺砖与一皮丁砖相隔砌成，上下皮竖缝相互错开 1/4 砖长；梅花丁是每皮中顺砖与丁砖相隔，丁砖坐中于顺砖，上下皮竖缝相互错开 1/4 砖长，如图 1-64 所示。

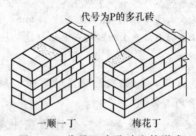

代号为P的多孔砖

一顺一丁   梅花丁

图 1-64　代号 P 多孔砖砌筑形式

　　2. 实心砖墙体组砌方法

　　组砌形式确定后，组砌方法也随之而定。采用一顺一丁形式砌筑的砖墙组砌方法，如图 1-65所示，其余组砌方法依此类推。

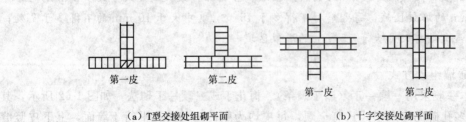

第一皮   第二皮   第一皮   第二皮

（a）T型交接处组砌平面   （b）十字交接处砌平面

图 1-65　一顺一丁砖墙组砌方法

3. 找平并弹墙身线

砌墙之前，应将基础防潮层或楼面上的灰砂泥土、杂物等清除干净，并用水泥砂浆或豆石混凝土找平，使各段砖墙底部标高符合设计要求；找平时，需使上下两层外墙之间不致出现明显的接缝。随后开始弹墙身线。

弹线的方法：根据基础四角各相对的龙门板，在轴线标钉上拴上白线挂紧，拉出纵横墙的中心线或边线，投到基础顶面上，再用墨斗将墙身线弹到墙基上，内间隔墙如没有龙门板时，可自外墙轴线相交处作为起点，用钢尺量出各内墙的轴线位置和墙身宽度；根据图样画出门窗口位置线。墙基线弹好后，按图样要求复核建筑物长度、宽度、各轴线间尺寸。经复核无误后，即可作为底层墙砌筑的标准。

如在楼房中，楼板铺设后要在楼板上弹线定位。弹墙身线的方法如图1-66所示。

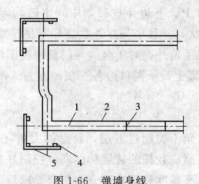

图1-66　弹墙身线
1—轴线；2—内墙边线；3—窗口位置线；4—龙门桩；5—龙门板

4. 立皮数杆并检查核对

砌墙前应先立好皮数杆，皮数杆一般应立在墙的转角、内外墙交接处以及楼梯间等凸出部位，其间距不应太长，15 m 以内为宜，如图1-67所示。

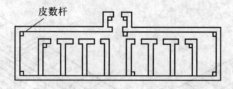

图1-67　皮数杆设置

皮数杆钉于木桩上，皮数杆下面的±0.000线与木桩上所抄测的±0.000线要对齐，都在同一水平线上。所有皮数杆应逐个检查是否垂直，标高是否准确，在同一道墙上的皮数杆是否在同一平面内。核对所有皮数杆上砖的层数是否一致，每皮厚度是否一致，对照图样核对窗台、门窗过梁、雨篷、楼板等标高位置，核对无误后方可砌砖。

5. 排砖摞底

在砌砖前，要根据已确定的砖墙组砌方式进行排砖摞底，使砖的垒砌合乎错缝搭接要求，确定砌筑所需要块数，以保证墙身砌筑竖缝均匀适度，尽可能做到少砍砖。排砖时应根据进场砖的实际长度尺寸的平均值来确定竖缝的大小。

一般外墙第一层砖摞底时，两山墙排丁砖，前后檐纵墙排条砖。根据弹好的门窗洞口位置线，认真核对窗间墙、垛尺寸，其长度是否符合排砖模数；如不符合模数时，可将门窗口的位置左右移动。若有破活，七分头或丁砖应排在窗口中间、附墙垛或其他不明显的部位。

移动门窗口位置时，应注意暖、卫立管安装及门窗开启时不受影响。另外，在排砖时还要考虑在门窗口上边的砖墙合拢时也不出现破活。所以排砖时必须要做全盘考虑，前后檐墙排第一皮砖时，要考虑甩窗口后砌条砖，窗角上必须是七分头才是好活。

6. 立门窗框

一般门窗有木门窗、铝合金门窗和钢门窗、彩板门窗、塑钢门窗等。门窗安装方法有"先立口"和"后塞口"两种方法。对于木门窗一般采用"先立口"方法，即先立门框或窗框，再砌墙。亦可采用"后塞口"方法，即先砌墙，后安门窗。对于金属门窗一般采用"后塞口"方法。对于先立框的门窗洞口砌筑，必须与框相距 10 mm 左右砌筑，不要与木框挤紧，造成门框或窗框变形。后立木框的洞口，应按尺寸线砌筑。根据洞口高度在洞口两侧墙中设置防腐木拉砖（一般用冷底子油浸一下或涂刷即可）。洞口高度 2 m 以内，两侧各放置三块木拉砖，放置部位距洞口上、下边 4 皮砖，中间木砖均匀分布，即原则上木砖间距为 1 m 左右。木拉砖宜做成燕尾状，并且小头在外，这样不易拉脱。不过，还应注意木拉砖在洞口侧面位置是居中、偏内还是偏外；对于金属等门窗则按图埋入铁件或采用紧固件等，其间距一般不宜超过 600 mm，离上、下洞口边各三皮砖左右。洞口上、下边同样设置铁件或紧固件。

7. 盘角挂线

砌砖前应先盘角，每次盘角不要超过五层，新盘的大角，及时进行吊、靠。如有偏差，要及时修整。盘角时要仔细对照皮数杆的砖层和标高，控制好灰缝大小，使水平灰缝均匀一致。大角盘好后再复查一次，平整度和垂直度完全符合要求后，再挂线砌墙。

砌筑一砖半墙必须双面挂线，如果长墙几个人均使用一根通线，中间应设几个支线点，小线要拉紧，每层砖都要穿线看平，使水平缝均匀一致，平直通顺，挂线时要把高出的障碍物去掉，中间塌腰的地方要垫一块砖，俗称腰线砖，如图 1-68 所示。垫腰线砖应注意准线不能向上拱起。经检查平直无误后即可砌砖。

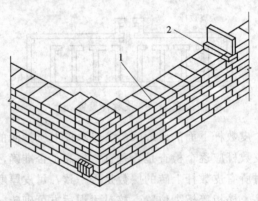

图 1-68　挂线及腰线砖
1—小线；2—腰线砖

每砌完一皮砖后，由两端把大角的人逐皮往上起线。

此外还有一种挂线法。不用坠砖而将准线挂在两侧墙的立线上，俗称挂立线，一般用于砌间墙。将立线的上下两端拴在钉入纵墙水平缝的钉子上并拉紧，如图 1-69 所示。根据挂好的立线拉水平准线，水平准线的两端要由立线的里侧往外拴，两端拴的水平缝线要同纵墙缝一致，不得错层。

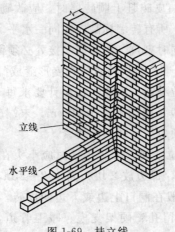

图 1-69 挂立线

8. 墙体砌砖要点

（1）基本砌法。

1）砌砖宜采用一铲灰、一块砖、一挤揉的"三一"砌砖法，即满铺、满挤操作法。砌砖时砖要放平。里手高，墙面就要张；里手低，墙面就要背。

2）砌砖一定要跟线，"上跟线，下跟棱，左右相邻要对平"。

3）水平灰缝的厚度和竖向灰缝宽度一般为 10 mm，不应小于 8 mm，也不应大于 12 mm。

4）为保证清水墙面主缝垂直，不游丁走缝，当砌完一步架高时，宜每隔 2 m 水平间距，在丁砖立楞位置弹两道垂直立线，可以分段控制游丁走缝。

5）在操作过程中，要认真进行自检，如出现偏差，应随时纠正，严禁事后砸墙。

6）清水墙不允许有三分头，不得在上部任意变活、乱缝。

7）砌筑砂浆应随搅拌随使用，一般水泥砂浆必须在 3 h 内用完，水泥混合砂浆必须在 4 h 内用完，不得使用过夜砂浆。

8）砌清水墙应随砌随划缝，划缝深度为 8～10 mm，深浅一致，墙面清扫干净。混水墙应随砌随将舌头灰刮尽。

（2）门窗洞口、窗间墙砌法。当墙砌到窗台标高以后，再开始往上砌筑窗间墙时，应对立好的窗框进行检查。查看立的位置是否正确，高低是否一致，立口是否在一条直线上，进出是否一致，立的是否垂直等。如果窗框是后塞口的，应按图样在墙上画出分口线，留置窗洞。

砌窗间墙时，应拉通线同时砌筑。门窗两边的墙宜对称砌筑，靠窗框两边的墙砌砖时要注意丁顺咬合，避免通缝，并应经常检查门窗口内角和外角是否垂直。

当门窗立上时，砌窗间墙不要把砖紧贴着门窗口，应留出 3 mm 的缝隙，免得门窗框受挤变形。在砌墙时，应将门窗框上下走头砌入卡紧，将门窗框固定。

当塞口时，按要求位置在两边墙上砌入防腐木砖，一般窗高不超过 1.2 m 的，每边放两块，各距上下边都为 3～4 皮砖。木砖应事先做防腐处理。木砖埋砌时，应小头在外，这样不易拉脱。如果采用钢窗，则按要求位置预先留好洞口，以备镶固铁件。

当窗间墙砌到门窗上口时，应超出窗框上皮 10 mm 左右，以防止安装过梁后下沉压框。安装完过梁以后，拉通线砌长墙，墙砌到楼板支承处，为使墙体受力均匀，楼板下的一皮砖应为丁砖层,如楼板下的一皮砖赶上顺砖层时,应改砌成丁砖层。此时则出现两层丁砖,俗称重丁。一层楼砌完后,所有砖墙标高应在同一水平。

(3)留槎。外墙转角处应同时砌筑。内外墙交接处必须留斜槎,槎子长度不应小于墙体高度的 2/3,槎子必须平直、通顺。分段位置应在变形缝或门窗口转角处,隔墙与墙或柱不同时砌筑时,可留阳槎加预埋拉结筋。沿墙高按设计要求每 50 cm 预埋 $\phi6$ 钢筋 2 根,其埋入长度从墙的留槎处算起,一般每边均不小于 50 cm,末端应加 90°弯钩。施工洞口也应按以上要求留水平拉结筋。隔墙顶应用立砖斜砌挤紧。

(4)木砖预留孔洞和墙体拉结筋。木砖预埋时应小头在外,大头在内,数量按洞口高度决定。洞口高在 1.2 m 以内,每边放 2 块;高 1.2～2 m,每边放 3 块;高 2～3 m,每边放 4 块,预埋木砖的部位一般在洞口上边或下边四皮砖,中间均匀分布。木砖要提前做好防腐处理。钢门窗安装的预留孔、硬架支模、暖卫管道,均应按设计要求预留,不得事后剔凿。墙体拉结筋的位置、规格、数量、间距均应按设计要求留置,不应错放、漏放。

(5)构造柱边做法。凡设有构造柱的工程,在砌砖前,先根据设计图样将构造柱位置进行弹线,并把构造柱插筋处理顺直。砌砖墙时,与构造柱连接处砌成马牙槎。每一马牙槎高度不宜超过 300 mm,凸出宽度为 60 mm。沿墙高每 500 mm 设置 2 根 $\phi6$ 水平拉结钢筋,拉结钢筋每边伸入砖墙内不宜小于 1 m,如图 1-70 所示。

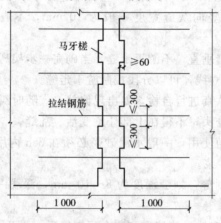

图 1-70　拉结钢筋布置及马牙槎

砌筑砖墙时,马牙槎应先退后进,以保证构造柱脚处为大断面。砌筑过程中按规定间距放置水平拉结钢筋。当砖墙上门窗洞边到构造柱边(即墙马牙槎外齿边)的长度小于 1.0 m时,拉结钢筋则伸至洞边为止。

砌墙时,应在各层构造柱底部(圈梁面上)以及该层二次浇灌段的下端位置留出 2 皮砖洞眼,供清除模板内杂物用。清除完毕立即封闭洞眼。砖墙灰缝的砂浆必须密实饱满,水平灰缝砂浆饱满度不得低于 80%。

(6)窗台。当墙砌到接近窗洞口标高时,如果窗台是用顶砖挑出,则在窗洞口下皮开始砌窗台;如果窗台是用侧砖挑出,则在窗洞口下 2 皮开始砌窗台。砌之前按图样把窗洞口位置在砖墙面上划出分口线,砌砖时砖应砌过分口线 60～120 mm,挑出墙面 60 mm,出檐砖的立缝要打碰头灰。

窗台砌虎头砖时,先把窗台两边的两块虎头砖砌上,用一根小线挂在它的下皮砖外角上，线的两端固定，作为砌虎头砖的准线，挂线后把窗台的宽度量好，算出需要的砖数和灰缝的大小。虎头砖向外砌成斜坡，在窗口处的墙上砂浆应铺得厚一些，一般里面比外面高出20～30 mm，以利泄水。操作方法是把灰打在砖中间，四边留 10 mm 左右，一块一块地砌。砖要充分润湿，灰浆要饱满。如为清水窗台时，砖要认真进行挑选。

如果几个窗口连在一起通长砌，其操作方法与上述单窗台砌法相同。

（7）楼层砌砖。一层楼砌至要求的标高后，安装预制钢筋混凝土楼板或现浇钢筋混凝土楼板，现浇钢筋混凝土楼板需达到一定强度方可在其上面施工。

为了保证各层墙身轴线重合，并与基础定位轴线一致，在砌二层砖墙前要将轴线、标高由一层引测到二层楼上。

基础和墙身的弹线由龙门板控制，但随着砌筑高度的增加和施工期限的延长，龙门板不能长期保存，即使保存也无法使用。因此，为满足二层墙身引测轴线、标高的需要，通常用经纬仪把龙门板上的轴线反到外墙面上，做出标记；用水准仪把龙门板上的±0.000 反到里外墙角，画出水平线，如图 1-71 所示。

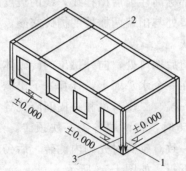

图 1-71 楼层轴线的引测
1—线锤；2—第二层楼板；3—轴线

当引测二层以上各层的轴线时，既可以把墙面上的轴线标记用经纬仪投测到楼层上去；也可以用线锤挂下来的方法引测。外墙轴线引到二层以后，再用钢尺量出各道内墙轴线，将墙身线弹到楼板上，使上下层墙重合，避免墙落空或尺寸偏移。各层楼的窗间墙、窗洞口一般也要从下层窗口用线锤吊上来，使各层楼的窗间墙、洞口上下对齐，都在同一垂直线上。

当引测二层以上各层的标高时，有两种方法：一是利用皮数杆传递，一层一层往上接；二是由底层墙上的水平标志线用钢尺或长杆往上量，定出各墙的标高点，然后立皮数杆。立皮数杆时，上下层的皮数杆一定要衔接吻合。要求外墙砌完后，看不出上下层的分界限，水平灰缝上下要均匀一致，内墙的第一皮砖与外墙的第一皮砖应在同一水平接槎交圈。如皮数不一致发生错层，应找平后再进行砌筑。楼层砌砖的其他步骤方法同底层砖墙。

（8）山尖、封山。当坡形屋顶建筑砌筑山墙时，在砌到檐口标高时要往上收砌山尖。一般在山墙的中心位置钉上一根皮数杆，在皮数杆上按山尖屋脊标高处钉一根钉子，往前后檐挂斜线，砌时按斜线坡度，用踏步槎向上砌筑，如图 1-72 所示。不用皮数杆砌山尖时，应用托线板和三角架随砌随校正，当砌筑高度超过 4 m 时须增设临时支撑，砂浆强度等级应提高一级。

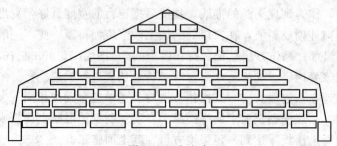

图 1-72   砌山尖

在砌到檩条底标高时，将檩条位置留出，待安放完檩条后，就可进行封山。封山分为平封山和高封山。平封山砌砖是按正放好的檩条上皮拉线，或按屋面钉好的屋面板找平，并按挂在山尖两侧的斜线打砖槎子，砖要砍成楔形砌成斜坡，然后用砂浆找平，斜槎找平后，即可砌出檐砖。

高封山的砌法基本与平封山相同，高封山出屋面的高度按图样要求砌好后，在脊檩端头上钉一小挂线杆，自高封山顶部标高往前后檐挂线，线的坡度应和屋面坡度一致，山尖应在正中。砌斜坡砖时应注意在檐口处与山墙两檐处的檐砖交圈。高封山砌完后，在墙顶上砌一层或两层压顶出檐砖，以备抹灰。

（9）挑檐。挑檐是在山墙前后檐口处，向外挑出的砖砌体。在砌挑檐前应先检查墙身高度，前后两坡及左右两山是否在一个水平面上，计算一下出檐后高度是否能使挂瓦时坡度顺直。砖挑檐的砌筑方法有一皮一挑、二皮一挑和一皮间隔挑等，挑层最下一皮为顶砖，每皮砖挑出宽度不大于 60 mm。砌砖时，在两端各砌一块顶砖，然后在顶砖的底棱挂线，并在线的两端用尺量一下是否挑出一致。砌砖时先砌内侧砖，后砌外面挑出砖，以便压住下一层挑檐砖，以防使刚砌完的檐子下折，如图 1-73 所示。

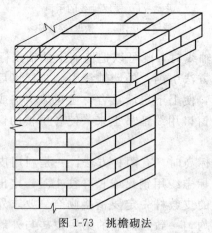

图 1-73   挑檐砌法

砌时立缝要嵌满砂浆，水平缝的砂浆外边要略高于里边，以便沉陷后檐头不至于下垂。砂浆强度等级应比砌墙用料提高一级，一般不低于 M5。

9. 变形缝的砌筑与处理

当砌筑变形缝两侧的砖墙时，要找好垂直度，缝的大小上下一致，更不能中间接触或有支撑物。砌筑时要特别注意，不要把砂浆、碎砖、钢筋头等掉入变形缝内，以免影响建筑物的自由伸缩、沉降和晃动。

变形缝口部的处理必须按设计要求，不能随便更改，缝口的处理要满足此缝功能上的要求。如伸缩缝一般用沥青麻丝填缝，而沉降缝则不允许填缝。墙面变形缝的处理形式如

图 1-74 所示。屋面变形缝的处理如图 1-75 所示。

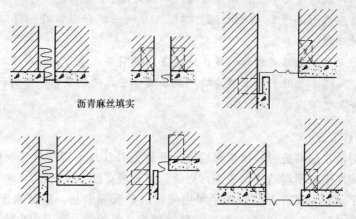

沥青麻丝填实

图 1-74　墙面变形缝的处理形式

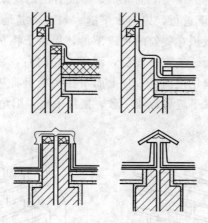

图 1-75　屋面变形缝的处理形式

10. 砖墙面勾缝

（1）准备工作。砖墙面勾缝前，应做好下列准备工作。

1）清除墙面黏结的砂浆、泥浆和杂物等，并洒水润湿。

2）开凿瞎缝，并对缺棱掉角的部位用与墙面相同颜色的砂浆修补齐整。

3）将脚手眼内清理干净，洒水润湿，并用与原墙相同的砖补砌严密。

墙面勾缝应采用加浆勾缝，宜用细砂拌制的 1∶1.5（质量比）水泥砂浆。砖内墙也可采用原浆勾缝，但必须随砌随勾，并使灰缝光滑密实。

勾缝形式的介绍

勾缝的形式共有平缝、平凹缝、圆凹缝、凸缝、斜缝五种，如图 1-76 所示。

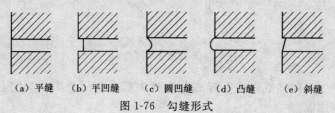

（a）平缝　（b）平凹缝　（c）圆凹缝　（d）凸缝　（e）斜缝

图 1-76　勾缝形式

　　(1) 平缝。勾成的墙面平整，用于外墙及内墙勾缝。

　　(2) 凹缝。照墙面退进 2～3 mm 深。凹缝又分平凹缝和圆凹缝，圆凹缝是将灰缝压溜成一个圆形的凹槽。

　　(3) 凸缝。是将灰缝做成圆形凸线，使线条清晰明显，墙面美观，多用于石墙。

　　(4) 斜缝。是将水平缝中的上部勾缝砂浆压进一些，使其成为一个斜面向上的缝，该缝泄水方便，多用于烟囱。

　　(2) 勾缝操作要点。

　　1) 勾缝前对清水墙面进行一次全面检查，开缝嵌补。对个别瞎缝（两砖紧靠一起没有缝）、划缝不深或水平缝不直的缝都要进行开缝，使灰缝宽度一致。

　　2) 填堵脚手眼时，要首先清除脚手眼内残留的砂浆和杂物，用清水把脚手眼内润湿，在水平方向摊平一层砂浆，内部深处也必须填满砂浆。塞砖时，砖上面也摊平一层砂浆，然后再填塞进脚手眼。填塞的砖必须与墙面齐平，不应有凸凹现象。

　　3) 勾缝的顺序是从上而下进行，先勾水平缝。勾水平缝是用长溜子自右向左，右手拿溜子，左手拿托板，将托灰板顶在要勾的灰口下沿，用溜子将灰浆压入缝内（预喂缝），自右向左随压随勾随移动托灰板。勾完一段后，溜子自左向右，在砖缝内将灰浆压实、压平、压光，使缝深浅一致。勾立缝用短溜子，自上而下在灰板上将灰刮起（俗称叼灰），勾入竖缝，塞压密实平整。勾好的水平缝要深浅一致，搭接平整，阳角要方正，不得有凹和波浪现象，如图 1-77 所示。

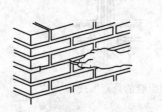

图 1-77　墙面勾缝

溜子的介绍

　　溜子又叫灰匙、勾缝刀，一般以 φ8 钢筋打扁制成，应装上木柄，通常用于清水墙勾缝。用 0.5～1 mm 厚的薄钢板制成的较宽的溜子，则用于毛石墙的勾缝，如图 1-78 所示。

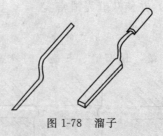

图 1-78　溜子

　　门窗框边的缝、门窗拱底、虎头砖底和出檐底都要勾压严实。勾完后，要立即清扫墙面，勿使砂浆沾污墙面。

三、砖柱的砌筑

1. 砖柱的砌筑方法

（1）组砌方法应正确，一般采用满丁满条。

（2）里外咬槎，上下层错缝，采用"三一"砌砖法，即一铲灰，一块砖，一挤揉，严禁用水冲砂浆灌缝的方法。

2. 砖柱砌筑要点

（1）砖柱砌筑前，基层表面应清扫干净，洒水润湿。基础面高低不平时，要进行找平，小于 3 cm 的要用 1∶3 水泥砂浆找平，大于 3 cm 的要用细石混凝土找平，使各柱第一皮砖在同一标高上。

（2）砌砖柱应四面挂线，当多根柱子在同一轴线上时，要拉通线检查纵横柱网中心线，同时应在柱的近旁竖立皮数杆。

（3）砖柱应选择棱角整齐，无弯曲、裂纹，颜色均匀，规格基本一致的砖；对于圆柱或多角柱，要按照排砌方案加工弧形砖或切角砖，加工砖面须磨平，加工后的砖应编号堆放，砌筑时对号入座。

> **砖柱的介绍**
>
> 砖柱是用烧结普通砖、烧结多孔砖、蒸压灰砂砖、蒸压粉煤灰砖与水泥混合砂浆（或水泥砂浆）砌筑而成。砖的强度等级应不低于 MU10，砂浆强度等级应不低于 M5。

（4）排砖摆底，根据排砌方案进行干摆砖试排。

（5）砌砖宜采用"三一"砌法。柱面上下皮竖缝应相互错开 1/2 砖长以上。柱心无通天缝。严禁采用先砌四周后填心的砌法。图 1-79 是几种不同断面砖柱的错误砌法。

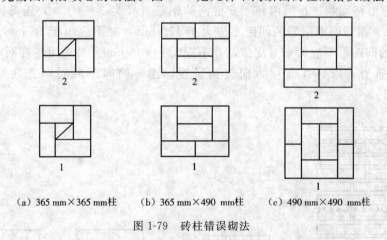

（a）365 mm×365 mm柱　（b）365 mm×490 mm柱　（c）490 mm×490 mm柱

图 1-79 砖柱错误砌法

（6）砖柱的水平灰缝和竖向灰缝宽度宜为 10 mm，不应小于 8 mm，也不大于 12 mm；水平灰缝的砂浆饱满度不得小于 80%，竖缝也要求饱满，不得出现透明缝。

（7）柱砌至上部时，要拉线检查轴线、边线、垂直度，保证柱位置正确。同时还要对照皮数杆的砖层及标高，如有偏差时，应在水平灰缝中逐渐调整，使砖的层数与皮数杆一致。砌楼层砖柱时，要检查上层弹的墨线位置是否与下层柱子有偏差，以防止上层柱落空砌筑。

（8）2 m 高范围内清水柱的垂直偏差不大于 5 mm，混水柱不大于 8 mm，轴线位移不大于 10 mm。每天砌筑高度不宜超过 1.8 m。

（9）单独的砖柱砌筑，可立固定皮数杆，也可以经常用流动皮数杆检查高低情况。当几个砖柱同列在一条直线上时，可先砌两头砖柱，再在其间逐皮拉通线砌筑中间部分砖柱，这样易控制皮数正确，进出及高低一致。

（10）砖柱与隔墙相交，不能在柱内留阴槎，只能留阳槎，并加连接钢筋拉结。如在砖柱水平缝内加钢筋网片，在柱子一侧要露出 1～2 mm 以备检查，看是否遗漏，填置是否正确。砌楼层砖柱时，要检查上层弹的墨线位置是否和下层柱对齐，防止上下层柱错位，落空砌筑。

（11）砖柱四面都有棱角，在砌筑时一定要勤检查，尤其是下面几皮砖要吊直，并要随时注意灰缝平整，防止发生砖柱扭曲或砖皮一头高、一头低等情况。

（12）砖柱表面的砖应边角整齐、色泽均匀。

（13）砖柱的水平灰缝厚度和竖向灰缝宽度宜为 10 mm 左右。

（14）砖柱上不得留设脚手眼。

砖柱构造形式的介绍

砖柱主要断面形式有方形、矩形、多角形、圆形等。方柱最小断面尺寸为 365 mm×365 mm，矩形柱为 240 mm×365 mm；多角形、圆柱形最小内直径为 365 mm。

3. 网状配筋砖柱砌筑

网状配筋砖柱是指水平灰缝中配有钢筋网的砖柱。网状配筋砖柱所用的砖，其强度等级不应低于 MU10，所用的砂浆不应低于 M5。

钢筋网有方格网和连弯网两种。方格网的钢筋直径为 3～4 mm，连弯网的钢筋直径不大于 8 mm。钢筋网中钢筋的间距不应大于 120 mm，并不应小于 30 mm。钢筋网沿砖柱高度方向的间距，不应大于五皮砖，并不应大于 400 mm。当采用连弯网时，网的钢筋方向应互相垂直，沿砖柱高度方向交错设置，连弯网间距取同一方向网的间距，如图 1-80 所示。

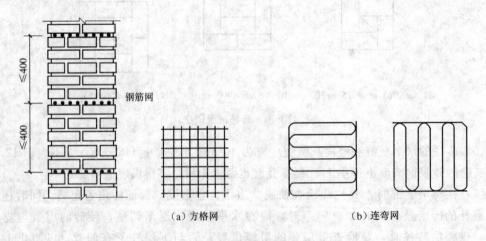

（a）方格网   （b）连弯网

图 1-80　网状配筋砖柱

网状配筋砖柱砌筑时，应按砖柱砌筑进行，在铺设有钢筋网的水平灰缝砂浆时，应分两次进行，先铺厚度一半的砂浆，放上钢筋网，再铺厚度一半的砂浆，使钢筋网置于水平灰缝砂浆层的中间，并使钢筋网上下各有 2 mm 的砂浆保护层。放有钢筋网的水平灰缝厚度为 10～12 mm，其他灰缝厚度控制在 10 mm 左右。

四、砖拱的砌筑

1. 砖砌平拱过梁

砖平拱多用于烧结普通砖与水泥混合砂浆砌成。砖的强度等级应不低于 MU10，砂浆的强度等级应不低于 M5。厚度一般等于墙厚，高度为一砖或一砖半，外形呈楔形，上大下小。

砌筑时，先砌好两边拱脚，当墙砌到门窗上口时，开始在洞口两边墙上留出 20～30 mm 错台，作为拱脚支点（俗称碹肩），而砌平拱的两膀墙为拱座（俗称碹膀子）。除立拱外，其他拱座要砍成坡面，一砖拱错台上口宽 40～50 mm，一砖半拱上口宽 60～70 mm，如图 1-81 所示。

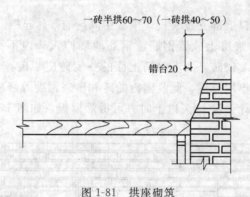

图 1-81　拱座砌筑

在门窗洞口上部支设模板，模板中间应有 1% 的起拱。在模板上画出砖及灰缝位置，务必使砖数为单数。然后从拱脚处开始同时向中间砌砖，正中一块砖要紧紧砌入。灰缝宽度，在过梁顶部不超过 15 mm，在过梁底部不小于 5 mm。待砂浆强度达到设计强度的 50% 以上时方可拆除模板，如图 1-82 所示。

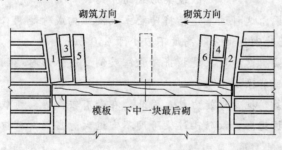

图 1-82　平拱式过梁砌筑

2. 弧拱

弧拱多采用烧结普通砖与水泥混合砂浆砌成。砖的强度等级应不低于 MU10，砂浆的强度等级应不低于 M5。厚度与墙厚相等，高度有一砖、一砖半等，外形呈圆弧形。

砌筑时，先砌好两边拱脚，拱脚斜度依圆弧曲率而定。再在洞口上部支设模板，模板中间有 1% 的起拱。在模板上画出砖及灰缝位置，务必使砖数为单数，然后从拱脚处开始同时向中间砌砖,正中一块砖应紧紧砌入。

灰缝宽度,在过梁顶部不超过 15 mm,在过梁底部不小于 5 mm。待砂浆强度达到设计强度的 50% 以上时方可拆除模板,如图 1-83 所示。

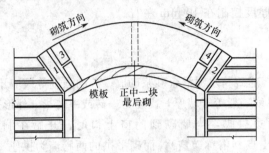

图 1-83　弧拱式过梁砌筑

五、过梁砌筑

砌筑时,先在门窗洞口上部支设模板,模板中间应有 1% 起拱。接着在模板面上铺设厚 30 mm 的水泥砂浆,在砂浆层上放置钢筋,钢筋两端伸入墙内不少于 240 mm,其弯钩向上,再按砖墙组砌形式继续砌砖,要求钢筋上面的一皮砖应丁砌,钢筋弯钩应置入竖缝内。钢筋以上七皮砖作为过梁作用范围,此范围内的砖和砂浆强度等级应达到要求。待过梁作用范围内的砂浆强度达到设计强度 50% 以上时方可拆除模板,如图 1-84 所示。

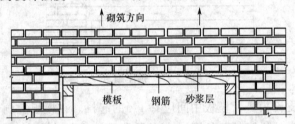

图 1-84　平砌式过梁砌筑

过梁形式的介绍

(1) 砖砌平拱过梁。这种过梁是指将砖竖立或侧立构成跨越洞口的过梁,其跨度不宜超过 1 200 mm,用竖砖砌筑部分的高度不应小于 240 mm。

(2) 砖砌弧拱过梁。这种过梁是指将砖竖立或侧立成弧形跨越洞口的过梁,此种形式过梁由于施工复杂,目前很少采用。

砖砌过梁整体性差,抗变形能力差,因此,在受有较大振动荷载或可能产生不均匀沉降的房屋时,难以抵抗变形,故砖砌过梁跨度不宜过大。当门窗洞口宽度较大时,应采用钢筋混凝土过梁。

(3) 钢筋砖过梁。这种过梁是指在洞口顶面砖砌体下的水平灰缝内配置纵向受力钢筋而形成的过梁,其净跨不宜超过 2.0 m,底面砂浆层处的钢筋直径不应小于 5 mm,间距不宜大于 120 mm,根数不应少于 2 根,末端带弯钩的钢筋伸入支座砌体内的长度不宜小于 240 mm,砂浆层厚度不宜小于 30 mm。

(4) 钢筋混凝土过梁。钢筋混凝土过梁在端部保证支承长度不小于 240 mm 的前提条件下,一般应按钢筋混凝土受弯构件计算。

砖墙砌到楼板底时应砌成丁砖层，如果楼板是现浇的，并直接支承在砖墙上，则应砌低一皮砖，使楼板的支承处混凝土加厚，支承点得到加强。填充墙砌到框架梁底时，墙与梁底的缝隙要用铁楔子或木楔子打紧，然后用 1∶2 水泥砂浆嵌填密实。如果是混水墙，可以用与平面交角在 45°～60° 的斜砌砖顶紧。假如填充墙是外墙，应等砌体沉降结束，砂浆达到强度后再用楔子楔紧，然后用 1∶2 水泥砂浆嵌填密实，因为这一部分是薄弱点，最容易造成外墙渗漏，施工时要特别注意。梁板底的处理如图 1-85 所示。

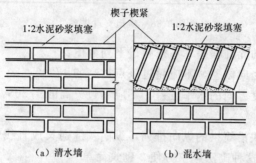

（a）清水墙 （b）混水墙

图 1-85 填充墙砌到框架梁板底时的处理

六、砖筒拱砌筑

1. 筒拱模板支设

筒拱砌筑前，应根据筒拱的各部分尺寸制作模板。模板可做成 600～1 000 mm 长，模板宽度比开间净空少 100 mm，模板起拱高度超高为拱跨的 1%，如图 1-86 所示。

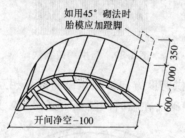

图 1-86 筒拱模板

筒拱模板有两种支设方法：一种是沿纵墙各立一排立柱，立柱上钉木梁，立柱用斜撑稳定，拱模支设在木梁上，拱模下垫木楔，如图 1-87 所示；另一种是在拱脚下 4～5 皮砖的墙上，每隔 0.8～1.0 m 穿透墙体放一横担，横担下加斜撑，横担上放置木梁，拱模支设在木梁上，拱模下垫木楔，如图 1-88 所示。

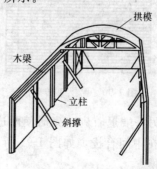

图 1-87 立柱支设拱模

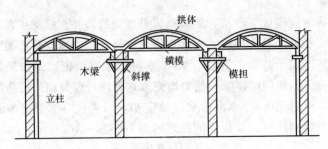

图 1-88   横担支设拱模

筒拱模板安装尺寸的允许偏差，不得超过下列数值：

（1）在任何点上的竖向偏差，不应超过该点拱高的 1/200。

（2）拱顶位置沿跨度方向的水平偏差，不应超过矢高的 1/200。

2. 砖筒拱砌筑方法

（1）顺砖砌法。砖块沿筒拱的纵向排列，纵向灰缝通长成直线，横向灰缝相互错开 1/2 砖长，如图 1-89 所示。这种砌法施工方便，砌筑简单。

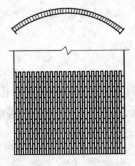

图 1-89   筒拱顺砖砌法

（2）丁砖砌法。砖块沿筒拱跨度方向排列，纵向灰缝相互错开 1/2 砖长，横向灰缝通长成弧形，如图 1-90 所示。这种砌法在临时间断处不必留槎，只要砌完一圈即可，以后接砌。

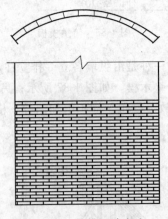

图 1-90   筒拱丁砖砌法

（3）八字槎砌法。由一端向另一端退着砌，砌时使两边长些，中间短些，形成八字槎，砌到另一端时填满八字槎缺口，在中间合拢，如图 1-91 所示。这种砌法咬槎严密，接头平整，整体性好，但需要较多的拱模。

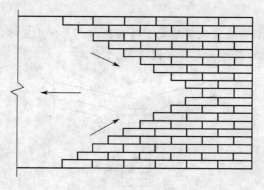

图 1-91 八字槎砌法

3. 砖筒拱施工要点

（1）拱脚上面 4 皮砖和拱脚下面 6～7 皮砖的墙体部分，砂浆强度达到设计强度的 50%以上时，方可砌筑筒拱。

（2）砌筑筒拱应自两侧拱脚同时向拱冠砌筑，且中间 1 块砖必须塞紧。

（3）多跨连续筒拱的相邻各跨，如不能同时施工，应采取抵销横向推力的措施。

（4）拱体灰缝应全部用砂浆填满，拱底灰缝宽度宜为 5～8 mm。

（5）拱座斜面应与筒拱轴线垂直，筒拱的纵向缝应与拱的横断面垂直。

（6）筒拱的纵向两端，一般不应砌入墙内，其两端与墙面接触的缝隙，应用砂浆填塞。

（7）穿过筒拱的洞口应在砌筑时留出，洞口的加固环应与周围砌体紧密结合，已砌完的拱体不得任意凿洞。

（8）筒拱砌完后应进行养护，养护期内应防止冲刷、冲击和振动。

（9）筒拱的模板，在保证横向推力不产生有害影响的条件下方可拆除。拆移时，应先使模板均匀下降 5～20 cm，并对拱体进行检查。有拉杆的筒拱，应在拆移模板前，将拉杆按设计要求拉紧。同跨内各根拉杆的拉力应均匀。

（10）在整个施工过程中，拱体应均匀受荷。当筒拱的砂浆强度达到设计强度的 70%以上时，方可在已拆模的筒拱上铺设楼面或屋面材料。

砖筒拱构造的介绍

砖筒拱可作为楼盖或屋盖。楼盖筒拱适用于跨度为 3～3.3 m，高跨比为 1/8 左右。屋盖筒拱适用于跨度为 3～3.6 m，高跨比为 1/8～1/5。筒拱厚度一般为半砖。筒拱所用普通砖强度等级不低于 MU10，砂浆强度等级不低于 M5。

屋盖筒拱的外墙，在拱脚处应设置钢筋混凝土圈梁，圈梁上的斜面应与拱脚斜度相吻合；也可在拱脚处外墙中设置钢筋砖圈带，钢筋直径不小于 8 mm，至少 3 根，并设置钢拉杆，在拱脚下 8 皮砖应用 M5 砂浆砌筑，如图 1-92 所示。

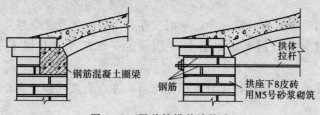

图 1-92 屋盖筒拱外墙构造

屋盖筒拱内墙，在拱脚处应使用墙砌丁砖层挑出，至少 4 皮砖，砂浆强度等级不低于 M5，两边拱体从挑层上台阶处砌起，如图 1-93 所示。

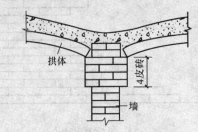

图 1-93　屋盖筒拱内墙处构造

　　如房间开间大，中间无内墙时，屋盖筒拱可支承在钢筋混凝土梁上，梁的两侧应留有斜面，拱体从斜面处砌起，如图 1-94 所示。楼盖筒拱在外墙、内墙及梁上的支承方法与屋盖筒拱基本相同，多采用在墙内设置钢筋混凝土圈梁以支承拱体，如图 1-95 所示。

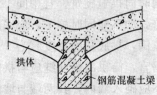

图 1-94　屋盖筒拱支承于梁上

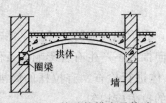

图 1-95　楼盖筒拱支承构造

七、空斗墙砌筑

　　空斗墙是用烧结普通砖与水泥混合砂浆（或石灰砂浆）砌筑而成的，在墙中形成若干空斗。砖的强度等级应不低于 MU10，砂浆的强度等级应不低于 M2.5。

混合砂浆的介绍

　　混合砂浆一般由水泥、石灰膏、砂子拌和而成，一般用于地面以上的砌体。混合砂浆由于加入了石灰膏，改善了砂浆的和易性，操作起来比较方便，有利于砌体密实度和工效的提高。

　　空斗墙的立面组砌形式有一眠一斗、一眠二斗、一眠三斗及无眠空斗四种。

　　一眠三斗空斗墙转角处的砌法如图 1-96 所示。一眠三斗空斗墙丁字交接处的砌法如图 1-97 所示。

　　在空斗墙与空斗墙丁字交接处应分层相互砌通，并在交接处砌成实心墙，有时需加半砖填心。

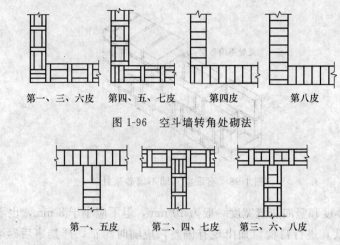

第一、三、六皮　　　第四、五、七皮　　　第四皮　　　第八皮

图 1-96　空斗墙转角处砌法

第一、五皮　　　第二、四、七皮　　　第三、六、八皮

图 1-97　空斗墙丁字交接处砌法

1. 弹线

（1）砌筑前，应在砌筑位置弹出墙边线及门窗洞口边线。

（2）防止基础墙与上部墙错台。基础砖撂底要正确，收退大放角两边要相等，退到墙身之前要检查轴线和边线是否正确，如偏差较小可在基础部位纠正，不得在防潮层以上退台或出沿。

2. 排砖

按照图样确定的几眠几斗先进行排砖，再从转角或交接处开始向一侧排砖，内外墙应同时排砖，纵横方向交错搭砌。空斗墙砌筑前必须进行试摆，不够整砖处，可加砌斗砖，不得砍凿斗砖。

排砖时必须把立缝排匀，砌完一步架高度，每隔 2 m 间距在丁砖立楞处用托线板吊直弹线，二步架往上继续吊直弹粉线，由底往上所有七分头的长度应保持一致，上层分窗口位置时必须同下窗口保持垂直。

3. 大角砌筑

空斗墙的外墙大角，须用普通砖砌成锯齿状与斗砖咬接。盘砌大角不宜过高，以不超过 3 个斗砖为宜，新盘的大角应及时进行吊、靠。如有偏差，要及时修整。盘角时要仔细对照皮数杆的砖层和标高，控制好灰缝大小，使水平灰缝均匀一致。大角盘好后再复查一次，平整度和垂直度完全符合要求后，再挂线砌墙。

4. 挂线

砌筑必须双面挂线，如果长墙几个人均使用一根通线，中间应设几个支线点，小线要拉紧，每层砖都要穿线看平，使水平缝均匀一致，平直通顺；应照顾砖墙两面平整，为下道工序控制抹灰厚度奠定基础。

5. 砌砖

（1）砌空斗墙宜采用满刀披灰法。

（2）在有眠空斗墙中，眠砖层与丁砖接触处，除两端外，其余部分不应填塞砂浆，如图 1-98 所示。空斗墙的空斗内不填砂浆，墙面不应有竖向通缝。

（3）砌砖时砖要放平。里手高，墙面就要张；里手低，墙面就要背。

（4）砌砖一定要跟线，"上跟线，下跟棱，左右相邻要对平"。

此处不填砂浆

图 1-98　有眠空斗墙不填砂浆处

（5）水平灰缝厚度和竖向灰缝宽度一般为 10 mm，但不应小于 8 mm，也不应大于12 mm。在操作过程中，要认真进行自检，如出现有偏差，应随时纠正，严禁事后砸墙。

（6）砌筑砂浆应随搅拌随使用，一般水泥砂浆必须在 3 h 内用完，水泥混合砂浆必须在 4 h 内用完，不得使用过夜砂浆。

（7）砌清水墙应随砌随划缝，划缝深度为 8～10 mm，深浅应一致，墙面清扫干净。混水墙应随砌随将舌头灰刮尽。

（8）空斗墙应同时砌起，不得留槎。每天砌筑高度不应超过 1.8 m。

6. 预留孔洞

（1）空斗墙中留置的洞口，必须在砌筑时留出，严禁砌完后再行砍凿。空斗墙上不得留脚手眼。

（2）木砖预埋时应小头在外，大头在内，数量按洞口高度决定。洞口高在 1.2 m 以内，每边放 2 块；高为 1.2～2 m 时，每边放 3 块；高为 2～3 m 时，每边放 4 块。预埋木砖的部位一般在洞口上边或下边四皮砖，中间均匀分布。木砖要提前做好防腐处理。

（3）钢门窗安装的预留孔、硬架支模、暖卫管道，均应按设计要求预留，不得事后剔凿。

7. 安装过梁、梁垫

门窗过梁支承处应用实心砖砌筑；安装过梁、梁垫时，其标高、位置及型号必须准确，坐浆饱满。如坐浆厚度超过 2 cm 时，要用细石混凝土铺垫，过梁安装时，两端支承点的长度应一致。

8. 构造柱做法

凡设有构造柱的工程，在砌砖前，先根据设计图样将构造柱位置进行弹线，并把构造柱插筋处理顺直。砌砖墙时，与构造柱连接处砌成马牙槎，马牙槎处砌实心砖。每一个马牙槎沿高度方向的尺寸不宜超过 30 cm。马牙槎应先退后进。拉结筋按设计要求放置，设计无要求时，一般沿墙高 50 cm 设置 2 根 $\phi6$ 水平拉结筋，每边深入墙内不应小于 1 m。

八、空心填充墙的砌筑

有特殊防寒要求的建筑物，为了节省砖，减少墙体的实际厚度，并能达到砖墙的隔热要求，往往在墙内填充保温性能好的材料，这就是填充墙。

空心填充墙是用普通砖砌成内外两条平行壁体，在中间留有空隙，并填入保温性能好的材料。为了保证两平行壁体互相连接，增强墙体的刚度和稳定性，以及在填入保温材料后避免墙体向外胀出，在墙的转角处要加砌斜撑或砌附外墙柱（如图 1-99 和图 1-100 所示），并在墙内增设水平隔层与垂直隔层。

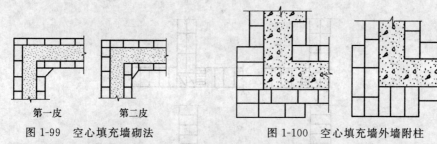

第一皮　　　第二皮

图 1-99　空心填充墙砌法　　　　　图 1-100　空心填充墙外墙附柱

水平隔层除起连接墙体的作用外，还起到填充墙的减荷作用，防止填充墙下沉，以免墙体底部侧压力增加而倾斜，并使上下填充墙能疏密一致。水平隔层形式有以下两种：

（1）每隔 4～6 皮砖在保温填充墙上抹一层 8～10 mm 的水泥砂浆，在其上面放置 4～16 mm 的钢筋，其间距为 40～60 mm，然后再抹一层水泥砂浆，把钢筋埋入砂浆内，如图 1-101 所示。

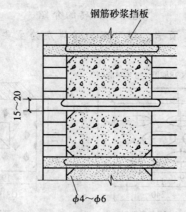

图 1-101　空心填充墙水平隔层（钢筋埋入砂浆）

（2）每隔 5 皮砖砌 1 皮顶砖层，垂直隔层是用顶砖把两平行壁体连接起来，在墙长度范围内，每隔适当距离砌筑一道垂直隔层。

第四节　烧结多孔砖墙的砌筑

一、砌筑形式

多孔砖墙是用烧结多孔砖与砂浆砌成的。其砌筑形式如图 1-102 和图 1-103 所示。

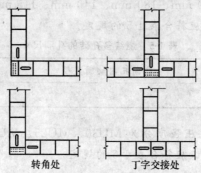

转角处　　　　　丁字交接处

图 1-102　M 型多孔砖砖墙的转角处及丁字交接处砌法

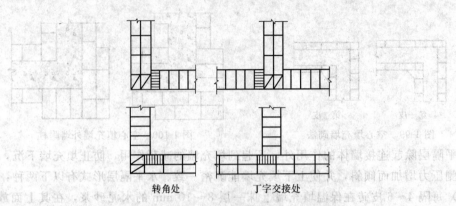

转角处　　　　　　　丁字交接处

图 1-103　P 型多孔砖墙的转角处及丁字交接处砌法

烧结多孔砖的介绍

烧结多孔砖是指以黏土、页岩、煤矸石、粉煤灰为主要原料，经焙烧而成的多孔砖，如图 1-104 所示。

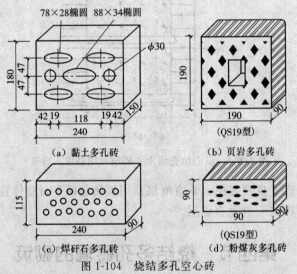

（a）黏土多孔砖　　　　　　　　（b）页岩多孔砖

（c）焊矸石多孔砖　　　　　　　　（d）粉煤灰多孔砖

图 1-104　烧结多孔空心砖

烧结多孔砖按主要原料分为黏土多孔砖、页岩多孔砖、煤矸石多孔砖和粉煤灰多孔砖。

（1）烧结多孔砖的外形为直角六面体，其长度、宽度、高度尺寸应符合下列要求：

290 mm、240 mm、190 mm、180 mm、140 mm、115 mm、90 mm。

烧结多孔砖的孔洞尺寸应符合表 1-5 的规定。

表 1-5　烧结多孔砖的孔洞尺寸　　　　　　　　　　（单位：mm）

圆孔直径	非圆孔内切圆直径	手 抓 孔
≤22	≤15	(30～40) × (75～85)

（2）烧结多孔砖根据抗压强度分为 MU30、MU25、MU20、MU15、MU10 五个强度等级。烧结多孔砖强度等级应符合表 1-6 的规定。

表1-6　烧结多孔砖强度等级　　　　　　　　（单位：MPa）

强度等级	抗压强度平均值 f	强度标准值 f_k
MU30	≥30.0	≥22.0
MU25	≥25.0	≥18.0
MU20	≥20.0	≥14.0
MU15	≥15.0	≥10.0
MU10	≥10.0	≥6.5

（3）强度和抗风化性能合格的砖，根据尺寸偏差、外观质量、孔型及孔洞排列、泛霜、石灰爆裂分为优等品、一等品和合格品三个质量等级。

（4）烧结多孔砖尺寸允许偏差应符合表1-7的规定。

表1-7　烧结多孔砖尺寸允许偏差　　　　　　　（单位：mm）

尺寸	样本平均偏差	样本极差
>400	+3.0	≤10.0
300～400	+2.5	≤9.0
200～300	+2.5	≤8.0
100～200	+2.0	≤7.0
<100	+1.5	≤6.0

（5）烧结多孔砖的外观质量应符合表1-8的规定。

表1-8　烧结多孔砖的外观质量　　　　　　　（单位：mm）

项　目		指标
完整面不得大于		一条面和一顶面
缺棱掉角的三个破坏尺寸不得同时大于		30
裂纹长度	大面（有孔面）上深入孔壁15 mm以上宽度方向及其延伸到条面的长度不大于	80
	大面（有孔面）上深入孔壁15 mm以上长度方向及其延伸到条面的长度不大于	100
	条顶面上的水平裂纹不大于	100
杂质在砖或砌块面上造成的凸出高度不大于		5

注：凡有下列缺陷之一者，不能称为完整面。

（1）缺损在条面或顶面上造成的破坏面尺寸同时大于20 mm×30 mm。

（2）条面或顶面上裂纹宽度大于1 mm，其长度超过70 mm。

（3）压陷、焦花、粘底在条面或顶面上的凹陷或凸出超过2 mm，区域最大投影尺寸同时大于20 mm×30 mm。

二、砌筑要点

多孔砖墙可采用 M 型或 P 型烧结多孔砖与水泥混合砂浆砌筑。承重多孔砖墙，砖的强度等级应不低于 MU15，砂浆强度等级不低于 M2.5。

（1）砖应提前 1～2 d 浇水润湿，砖的含水率宜为 10%～15%。

（2）根据建筑剖面图及多孔砖规格制作皮数杆，皮数杆立于墙的转角处或交接处，其间距不超过 15 m。在皮数杆之间拉准线，依线砌筑，清理基础顶面，并在基础面上弹出墙体中心线及边线（如在楼地面上砌起，则在楼地面上弹线），对所砌筑的多孔砖墙体进行多孔砖试摆。

（3）灰缝应横平竖直，水平灰缝和竖向灰缝宽度应控制在 10 mm 左右，但不应小于 8 mm，也不应大于 12 mm。

（4）水平灰缝的砂浆饱满度不得小于 80%，竖缝要刮浆适宜，并加浆灌缝，不得出现透明缝，严禁用水冲浆灌缝。

（5）多孔砖宜采用"三一砌砖法"或"铺灰挤砌法"进行砌筑。竖缝要刮浆并加浆填灌，不得出现透明缝，严禁用水冲浆灌缝。多孔砖的孔洞应垂直于受压面（即呈垂直方向），多孔砖的手抓孔应平行于墙体纵长方向。

（6）M 型多孔砖墙的转角处及交接处应加砌半砖块，如前述图 1-102 所示。

（7）P 型多孔砖墙的转角处及交接处应加砌七分头砖块，如前述图 1-103 所示。

（8）多孔砖墙的转角处和交接处应同时砌筑，不能同时砌筑又必须留置的临时间断处应砌成斜槎。对于代号 M 的多孔砖，斜槎长度应不小于斜槎高度；对于代号 P 的多孔砖，斜槎长度应不小于斜槎高度的 2/3，如图 1-105 所示。

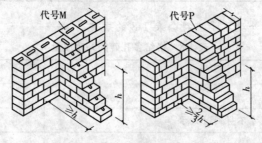

图 1-105　多孔砖斜槎

（9）非承重多孔砖墙的底部宜用烧结普通砖砌三皮高，门窗洞口两侧及窗台下宜用烧结普通砖砌筑，至少半砖宽。

（10）多孔砖墙每天可砌高度应不超过 1.8 m。

（11）门窗洞口的预埋木砖、铁件等应采用与多孔砖横截面一致的规格。

（12）多孔砖墙中不够整块多孔砖的部位，应用烧结普通砖来补砌，不得用砍过的多孔砖填补。

第五节　烧结空心砖墙砌筑

一、墙体组砌的方式

空心砖一般侧立砌筑，孔洞呈水平方向，有特殊要求时，孔洞也可呈垂直方向。空心砖墙的厚度等于空心砖的厚度。采用全顺侧砌，错缝砌筑，上下皮竖缝相互错开 1/2 砖长。砌筑形式如图 1-106 所示。

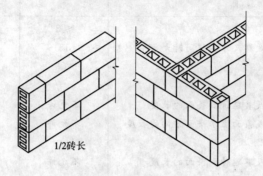

图 1-106 空心砖墙砌筑形式

烧结空心砖的介绍

烧结空心砖是以黏土、页岩、煤矸石等为主要原料，经焙烧而成的空心砖。

烧结空心砖的外形为矩形体，在与砂浆的接合面上应设有增加结合力的深度 1 mm 以上的凹线槽，如图 1-107 所示。

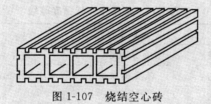

图 1-107 烧结空心砖

烧结空心砖的长度、宽度、高度应符合下列要求：

(1) 290 mm，190 mm（140 mm），90 mm。

(2) 240 mm，180 mm（175 mm），115 mm。

烧结空心砖根据密度分为 800、900、1 000、1 100 四个密度级别。每个密度等级根据孔洞及其排数、尺寸偏差、外观质量、强度等级和物理性能分为优等品、一等品和合格品三个等级。

烧结空心砖的尺寸允许偏差应符合表 1-9 的规定。

表 1-9 烧结空心砖尺寸允许偏差 （单位：mm）

尺 寸	优 等 品		一 等 品		合 格 品	
	样本平均偏差	样本极差	样本平均偏差	样本极差	样本平均偏差	样本极差
＞300	±2.5	≤6.0	±3.0	≤7.0	±3.5	≤8.0
200~300	±2.0	≤5.0	±2.5	≤6.0	±3.0	≤7.0
100~200	±1.5	≤4.0	±2.0	≤5.0	±2.5	≤6.0
＜100	±1.5	≤3.0	±1.7	≤4.0	±2.0	≤5.0

烧结空心砖的外观质量应符合表 1-10 的规定。

表 1-10 烧结空心砖的外观质量等级   （单位：mm）

项　　目	优　等　品	一　等　品	合　格　品
(1) 弯曲	≤3	≤4	≤5
(2). 缺棱掉角的三个破坏尺寸不得同时大于	15	30	40
(3) 垂直度差	≤3	≤4	≤5
(4) 未贯穿裂纹长度			
1) 大面上宽度方向及其延伸到条面的长度	不允许	≤100	≤120
2) 大面上长度方向或条面上水平面方向的长度	不允许	≤120	≤140
(5) 贯穿裂纹长度			
1) 大面上宽度方向及其延伸到条面的长度	不允许	≤40	≤60
2) 壁、肋沿长度方向、宽度方向及其水平方向的长度	不允许	≤40	≤60
(6) 肋、壁内残缺长度	不允许	≤40	≤60
(7) 完整面	一条面和一大面	一条面或一大面	

注：同表 1-8 表注。

烧结空心砖的强度等级应符合表 1-11 的规定。

表 1-11 烧结空心砖强度等级

强 度 等 级	抗压强度（MPa）			密度等级范围 (kg/m³)
	抗压强度 平均值 f	变异系数 $\delta \le 0.21$ 强度标准值 f_k	变异系数 $\delta \le 0.21$ 单块最小抗压强度值 f_{min}	
MU10.0	≥10.0	≥7.0	8.0	≤1 100
MU7.5	≥7.5	≥5.0	5.8	
MU5.0	≥5.0	≥3.5	4.0	
MU3.5	≥3.5	≥2.5	2.8	≤800

烧结空心砖的密度等级应符合表 1-12 的规定。

表 1-12 烧结空心砖密度等级   （单位：kg/m³）

密 度 等 级	5块密度平均值	密 度 等 级	5块密度平均值
800	≤800	1 000	901～1 000
900	801～900	1 100	1 001～1 100

二、操作工艺

(1) 砌筑前，应在砌筑位置弹出墙边线及门窗洞口边线，底部至少先砌 3 皮普通砖，门窗洞口两侧一砖范围内也应用普通砖实砌。

(2) 排砖摆底（干摆砖）。按组砌方法先从转角或定位处开始向一侧排砖，内外墙应同时排砖，纵横方向交错搭接，上下皮错缝，一般搭砌长度不少于 60 mm，上下皮错缝 1/2 砖长。排砖时，凡不够半砖处用普通砖补砌，半砖以上的非整砖宜用无齿锯加工制作非整砖块，不得用砍凿方法将砖打断。第一皮空心砖砌筑必须进行试摆。

(3) 选砖。检查空心砖的外观质量，有无缺棱掉角和裂缝现象，对于欠火砖和酥砖不得使用。用于清水外墙的空心砖，要求外观颜色一致，表面无压花。焙烧过火变色、变形的砖可用在不影响外观的内墙上。

蒸压灰砂空心砖的介绍

（1）蒸压灰砂砖的外形为直角六面体，尺寸 240 mm×115 mm×53 mm。

（2）蒸压灰砂砖根据抗压强度分为 MU25、MU20、MU15、MU10 四个强度等级。强度应符合表 1-13 的规定。

表 1-13　蒸压灰砂空心砖强度等级　　　　　　　　　　（单位：MPa）

强度等级	抗压强度		抗折强度	
	平均值	单块值	平均值	单块值
MU25	≥25.0	≥20.0	≥5.0	≥4.0
MU20	≥20.0	≥16.0	≥4.0	≥3.2
MU15	≥15.0	≥12.0	≥3.3	≥2.6
MU10	≥10.0	≥8.0	≥2.5	≥2.0

注：优等品的强度级别不得小于 MU15。

（3）蒸压灰砂空心砖尺寸允许偏差、外观质量应符合表 1-14 的规定。

表 1-14　蒸压灰砂砖尺寸允许偏差、外观质量

项目			指标		
			优等品	一等品	合格品
尺寸允许偏差（mm）	长度	L	±2	±2	±3
	宽度	B	±2		
	高度	H	±1		
缺棱掉角	个数，不多于（个）		1	1	2
	最大尺寸不得大于（mm）		10	15	20
	最小尺寸不得大于（mm）		5	10	10
	对应高度差不得大于（mm）		1	2	3
裂纹	条数，不多于（条）		1	1	2
	大面上宽度方向及其延伸到条面的长度不得大于（mm）		20	50	70
	大面上长度方向及其延伸到顶面上的长度或条、顶面水平裂纹的长度不得大于（mm）		30	70	100

（4）盘角。砌砖前应先盘角，每次盘角不宜超过 3 皮砖，新盘的大角及时进行吊、靠。如有偏差，要及时修整。盘角时要仔细对照皮数杆的砖层和标高，控制好灰缝大小，使水平灰缝均匀一致。大角盘好后再复查一次，平整度和垂直度完全符合要求后，再挂线砌墙。

（5）挂线。砌筑必须双面挂线，如果长墙几个人均使用一根通线，中间应设几个支线点，小线要拉紧，每层砖都要穿线看平，使水平缝均匀一致，平直通顺；同时照顾砖墙两面

平整，为下道工序控制抹灰厚度奠定基础。

（6）砌砖。砌空心砖宜采用刮浆法。竖缝应先批砂浆后再砌筑，当孔洞呈垂直状态时，水平铺砂浆，应先用套板盖住孔洞，以免砂浆掉入孔洞内。砌砖时砖要放平，里手高，墙面就要张；里手低，墙面就要背。砌砖一定要跟线，"上跟线，下跟棱，左右相邻要对平"。水平灰缝厚度和竖向灰缝宽度一般为 10 mm，但不应小于 8 mm，也不应大于 12 mm。为保证清水墙面主缝垂直，不游丁走缝，当砌完一步架高时，宜每隔 2 m 水平间距，在丁砖立楞位置弹两道垂直立线，可以分段控制游丁走缝。在操作过程中，要认真进行自检，如出现偏差，应随时纠正，严禁事后砸墙。清水墙不允许有三分头，不得在上部任意变活、乱缝。砌筑砂浆应随搅拌随使用，一般水泥砂浆必须在 3 h 内用完，水泥混合砂浆必须在 4 h 内用完，不得使用过夜砂浆。清水墙应随砌随划缝，划缝深度为 8～10 mm，深浅一致，墙面清扫干净。混水墙应随砌随将舌头灰刮尽。

（7）空心砖墙应同时砌起，不得留槎。每天砌筑高度不应超过 1.8 m。

第六节　砖砌体质量标准

一、一般规定

（1）砖砌体适用于烧结普通砖、烧结多孔砖、混凝土多孔砖、混凝土实心砖、蒸压灰砂砖、蒸压粉煤灰砖等砌体工程。

（2）用于清水墙、柱表面的砖，应边角整齐，色泽均匀。

（3）砌体砌筑时，混凝土多孔砖、混凝土实心砖、蒸压灰砂砖、蒸压粉煤灰砖等块体的产品龄期不应小于 28 d。

（4）有冻胀环境和条件的地区，地面以下或防潮层以下的砌体，不应采用多孔砖。

（5）不同品种的砖不得在同一楼层混砌。

（6）砌筑烧结普通砖、烧结多孔砖、蒸压灰砂砖、蒸压粉煤灰砖砌体时，砖应提前 1～2 d 适度湿润，严禁采用干砖或处于吸水饱和状态的砖砌筑，块体湿润程度宜符合下列规定。

1）烧结类块体的相对含水率 60%～70%。

2）混凝土多孔砖及混凝土实心砖不需要浇水湿润，但在气候干燥炎热的情况下，宜在砌筑前对其喷水湿润。其他非烧结类块体的相对含水率 40%～50%。

（7）采用铺浆法砌筑砌体，铺浆长度不得超过 750 mm；当施工期间气温超过 30℃时，铺浆长度不得超过 500 mm。

（8）240 mm 厚承重墙的每层墙的最上一皮砖，砖砌体的阶台水平面上及挑出层的外皮砖，应整砖丁砌。

（9）弧拱式及平拱式过梁的灰缝应砌成楔形缝，拱底灰缝宽度不宜小于 5 mm；拱顶灰缝宽度不应大于 15 mm，拱体的纵向及横向灰缝应填实砂浆；平拱式过梁拱脚下面应伸入墙内不小于 20 mm；砖砌平拱过梁底应有 1% 的起拱。

（10）砖过梁底部的模板及其支架拆除时，灰缝砂浆强度不应低于设计强度的 75%。

（11）多孔砖的孔洞应垂直于受压面砌筑。半盲孔多孔砖的封底面应朝上砌筑。

（12）竖向灰缝不应出现透明缝、瞎缝和假缝。

（13）砖砌体施工临时间断处补砌时，必须将接槎处表面清理干净，洒水湿润，并填实砂浆，保持灰缝平直。

（14）夹心复合墙的砌筑应符合下列规定。

1）墙体砌筑时，应采取措施防止空腔内掉落砂浆和杂物。

2）拉结件设置应符合设计要求，拉结件在叶墙上的搁置长度不应小于叶墙厚度的 2/3，并不得小于 60 mm。

3）保温材料品种及性能应符合设计要求。保温材料的浇注压力不应对砌体强度、变形及外观质量产生不良影响。

二、主控项目

（1）砖和砂浆的强度等级必须符合设计要求。

抽检数量：每一生产厂家，烧结普通砖、混凝土实心砖每 15 万块，烧结多孔砖、混凝土多孔砖、蒸压灰砂砖及蒸压粉煤灰砖每 10 万块各为一验收批，不足上述数量时按 1 批计，抽检数量为 1 组。砂浆试块的抽检数量执行《砌体结构工程施工质量验收规范》（GB 50203—2011）的有关规定。

检验方法：查砖和砂浆试块试验报告。

（2）砌体灰缝砂浆应密实饱满，砖墙水平灰缝的砂浆饱满度不得低于 80%；砖柱水平灰缝和竖向灰缝饱满度不得低于 90%。

抽检数量：每检验批抽查不应少于 5 处。

检验方法：用百格网检查砖底面与砂浆的黏结痕迹面积。每处检测 3 块砖，取其平均值。

（3）砖砌体的转角处和交接处应同时砌筑．严禁无可靠措施的内外墙分砌施工。在抗震设防烈度为 8 度及 8 度以上的地区，对不能同时砌筑而又必须留置的临时间断处应砌成斜槎，普通砖砌体斜槎水平投影长度不应小于高度的 2/3。多孔砖砌体的斜槎长高比不应小于 1/2。斜槎高度不得超过一步脚手架的高度。

抽检数量：每检验批抽查不应少于 5 处。

检验方法：观察检查。

（4）非抗震设防及抗震设防烈度为 6 度、7 度地区的临时间断处，当不能留斜槎时，除转角处外，可留直槎，但直槎必须做成凸槎，且应加设拉结钢筋，拉结钢筋应符合下列规定。

1）每 120 mm 墙厚放置 1φ6 拉结钢筋（120 mm 厚墙应放置 2φ6 拉结钢筋）。

2）间距沿墙高不应超过 500 mm；且竖向间距偏差不应超过 100 mm。

3）埋入长度从留槎处算起每边均不应小于 500 mm，对抗震设防烈度 6 度、7 度的地区，不应小于 1 000 mm。

4）末端应有 90°弯钩。

抽检数量：每检验批抽查不应少于 5 处。

检验方法：观察和尺量检查。

三、一般项目

（1）砖砌体组砌方法应正确，内外搭砌，上、下错缝。清水墙、窗间墙无通缝；混水墙中不得有长度大于 300 mm 的通缝，长度 200～300 mm 的通缝每间不超过 3 处，且不得位于同一面墙体上。砖柱不得采用包心砌法。

抽检数量：每检验批抽查不应少于 5 处。

检验方法：观察检查。砌体组砌方法抽检每处应为 3~5 m。

（2）砖砌体的灰缝应横平竖直，厚薄均匀。水平灰缝厚度及竖向灰缝宽度宜为 10 mm，但不应小于 8 mm，也不应大于 12 mm。

抽检数量：每检验批抽查不应少于 5 处。

检验方法：水平灰缝厚度用尺量 10 皮砖砌体高度折算。竖向灰缝宽度用尺量 2 m 砌体长度折算。

（3）砖砌体尺寸、位置的允许偏差及检验应符合表 1-15 的规定：

表 1-15　砖砌体尺寸、位置的允许偏差及检验

序号	项目			允许偏差（mm）	检验方法	抽检数量
1	轴线位移			10	用经纬仪和尺或用其他测量仪器检查	承重墙、柱全数检查
2	基础、墙、柱顶面标高			±15	用水准仪和尺检查	不应小于 5 处
3	墙面垂直度	每层		5	用 2 m 托线板检查	不应小于 5 处
		全高	10 m	10	用经纬仪、吊线和尺或其他测量仪器检查	外墙全部阳角
			10 m	20		
4	表面平整度	清水墙、柱		5	用 2 m 靠尺和楔形塞尺检查	不应小于 5 处
		混水墙、柱		8		
5	水平灰缝平直度	清水墙		7	拉 5 m 线和尺检查	不应小于 5 处
		混水墙		10		
6	门窗洞口高、宽（后塞口）			±10	用尺检查	不应小于 5 处
7	外墙下下窗口偏移			20	以底层窗口为准，用经纬仪或吊线检查	不应小于 5 处
8	清水墙游丁走缝			20	以每层第一皮砖为准，用吊线和尺检查	不应小于 5 处

第二章 砌块砌体的砌筑施工

第一节 混凝土小型空心砌块砌筑

一、施工准备

（1）运到现场的小砌块，应分规格、分等级堆放，堆放场地必须平整，并做好排水措施。小砌块的堆放高度不宜超过 1.6 m。

（2）对于砌筑承重墙的小砌块应进行挑选，剔出断裂小砌块或壁肋中有竖向凹形裂缝的小砌块。

（3）龄期不足 28 d 或潮湿的小砌块不得进行砌筑。

（4）普通混凝土小砌块不宜浇水；当天气干燥炎热时，可在砌块上稍加喷水润湿；轻骨料混凝土小砌块可洒水，但不宜过多。

（5）清除小砌块表面污物和芯柱用小砌块孔洞底部的毛边。

（6）砌筑底层墙体前，应对基础进行检查。清除防潮层顶面上的污物。

（7）根据砌块尺寸和灰缝厚度计算皮数，制作皮数杆。皮数杆立在建筑物四角或楼梯间转角处。皮数杆间距不宜超过 15 m。

（8）准备好所需的拉结钢筋或钢筋网片。

（9）根据小砌块搭接需要，准备一定数量的辅助规格的小砌块。

（10）砌筑砂浆必须搅拌均匀，随拌随用。

砌块材料构造要求的介绍

（1）混凝土小型空心砌块砌体所用材料的构造要求：

1）对室内地面以下的砌体，应采用普通混凝土小砌块和不低于 M5 的水泥砂浆。

2）五层及五层以上民用建筑的底层墙体，应采用不低于 MU5 的混凝土小砌块和 M5 的砌筑砂浆。

（2）在墙体的下列部位，应用 C20 混凝土灌实砌块的孔洞：

1）底层室内地面以下或防潮层以下的砌体；

2）无圈梁的楼板支承面下的一皮砌块；

3）没有设置混凝土垫块的屋架、梁等构件支承面下，高度、长度不应小于 600 mm 的砌体；

4）挑梁支承面下，距墙中心线每边不应小于 300 mm，高度不应小于 600 mm 的砌体。

二、砌块排列

（1）砌块排列时，必须根据砌块尺寸和垂直灰缝的宽度和水平灰缝的厚度计算砌块砌筑皮数和排数，以保证砌体的尺寸；砌块排列应按设计要求，从基础面开始排列，尽可能采用主规格和大规格砌块，以提高台班产量。

（2）外墙转角处和纵横墙交接处，砌块应分皮咬槎，交错搭砌，以增加房屋的刚度和整体性。

（3）砌块墙与后砌隔墙交接处，应沿墙高每隔 400 mm 在水平灰缝内设置不少于 $2\phi4$、横筋间距不大于 200 mm 的焊接钢筋网片，钢筋网片砌入后砌隔墙内不应小于 600 mm（图 2-1）。

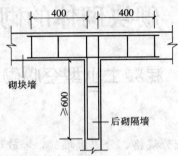

图 2-1　砌块墙与后砌隔墙交接处钢筋网片

（4）砌块排列应对孔错缝搭砌，搭砌长度不应小于 90 mm，如果搭接错缝长度满足不了规定的要求，应采取压砌钢筋网片或设置拉结筋等措施，具体构造按设计规定要求进行。

（5）对设计规定或施工所需要的孔洞口、管道、沟槽和预埋件等，应在砌筑时预留或预埋，不得在砌筑好的墙体上打洞、凿槽。

（6）砌体的垂直缝应与门窗洞口的侧边线相互错开，不得同缝，错开间距应大于 150 mm，且不得采用砖镶砌。

（7）砌体水平灰缝厚度和垂直灰缝宽度一般为 10 mm，但不应大于 12 mm，也不应小于 8 mm。

（8）在楼地面砌筑一皮砌块时，应在芯柱位置侧面预留孔洞。为便于施工操作，预留孔洞的开口一般应朝向室内，以便清理杂物，绑扎和固定钢筋。

（9）设有芯柱的 T 形接头砌块第一皮至第六皮排列平面图，如图 2-2 所示。

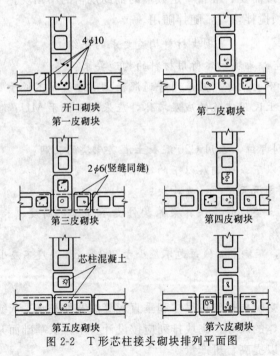

图 2-2　T 形芯柱接头砌块排列平面图

第七皮开始又重复第一皮至第六皮的排列，但不用开口砌块，其排列立面如图 2-3 所示。设有芯柱的 L 形接头第一皮砌块排列平面，如图 2-4 所示。

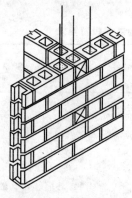

图 2-3　T 形芯柱接头砌块排列立面图

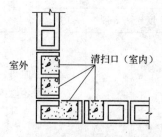

图 2-4　L 形芯柱接头第一皮砌块排列平面图

三、芯柱设置

（1）在外墙转角、楼梯间四角的纵横墙交接处的三个孔洞，宜设置素混凝土芯柱。

（2）五层及五层以上的房屋，应在上述的部位设置钢筋混凝土芯柱。

芯柱构造要求的介绍

（1）芯柱截面不宜小于 120 mm×120 mm，宜用不低于 C20 的细石混凝土浇灌。

（2）钢筋混凝土芯柱每孔内插竖筋不应小于 110 mm，底部应伸入室内地面以下 500 mm 或与基础圈梁锚固，顶部与屋盖圈梁锚固。

（3）在钢筋混凝土芯柱处，沿墙高每隔 600 mm 应设 $\phi4$ 钢筋网片拉结，每边伸入墙体不小于 600 mm（图 2-5）。

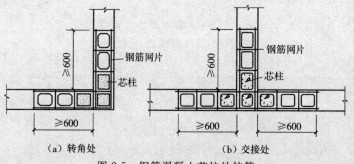

图 2-5　钢筋混凝土芯柱处拉筋

（4）芯柱应沿房屋的全高贯通，并与各层圈梁整体现浇，可采用如图 2-6 所示的做法。

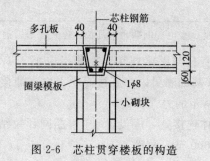

图 2-6　芯柱贯穿楼板的构造

多层小砌块房屋应按表 2-1 的要求设置钢筋混凝土芯柱；对外廊式和单面走廊式的多层房屋、横墙较少的房屋、各层横墙很少的房屋，还应符合《建筑抗震设计规范》（GB 50011—2010）中关于增加层数的要求，按表 2-1 的要求设置芯柱。

表 2-1　抗震设防区混凝土小型空心砌块房屋芯柱设置要求

房屋层数				设置部位	设置数量
6 度	7 度	8 度	9 度		
四、五	三、四	二、三		（1）外墙转角，楼、电梯间四角，楼梯斜梯锻上下端对应的墙体处。 （2）大房间内外墙交接处。 （3）错层部位横墙与外纵墙交接处。 （4）隔 12 m 或单元横墙与外纵墙交接处	（1）外墙转角，灌实 3 个孔。 （2）内外墙交接处，灌实 4 个孔。 （3）楼梯段上下端对应的墙体处，灌实 2 个孔
六	五	四		（1）～（4）同上。 （5）隔开间墙横墙（轴线）与外纵墙交接处	
七	六	五	二	（1）～（5）同上。 （6）各内墙（轴线）与外纵墙交接处。 （7）内纵墙与横墙（轴线）交接处的洞口两侧	（1）外墙转角，灌实 5 个孔。 （2）内外墙交接处，灌实 5 个孔。 （3）内墙交接处，灌实 4～5 个孔。 （4）洞口两侧各灌实 1 个孔
	七	≥六	≥三	（1）～（7）同上。 （8）横墙内芯柱间距大于或等于 2 m	（1）外墙转角，灌实 7 个孔。 （2）内外墙交接处，灌实 5 个孔。 （3）内墙交接处，灌实 4～5 个孔。 （4）洞口两侧各灌实 1 个孔

　　注：外墙转角、内外墙交接处、楼电梯间四角等部位，应允许采用钢筋混凝土构造柱替代部分芯柱。

芯柱竖向插筋应贯通墙身且与圈梁连接；插筋不应小于 12 mm。芯柱应伸入室外地下 500 mm 或锚入浅于 500 mm 基础圈梁内。芯柱混凝土应贯通楼板，当采用装配式钢筋混凝土楼板时，可采用如图 2-7 所示的方式贯通。

抗震设防地区芯柱与墙体连接处，应设置 $\phi 4$ 钢筋网片拉结，钢筋网片每边伸入墙内不宜小于 1 m，且沿墙高每隔 600 mm 设置。

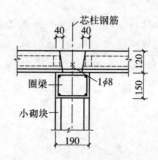

图 2-7　芯柱贯通楼板措施

四、小砌块砌筑

1. 组砌形式

混凝土空心小砌块墙的立面组砌形式仅有全顺一种，上、下竖向相互错开 190 mm；双排小砌块墙横向竖缝也应相互错开 190 mm，如图 2-8 所示。

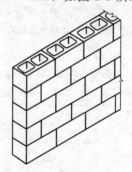

图 2-8　混凝土空心小砌块墙的立面组砌形式

2. 组砌方法

混凝土空心小砌块宜采用铺灰反砌法进行砌筑。先用大铲或瓦刀在墙顶上摊铺砂浆，铺灰长度不宜超过 800 mm，再在已砌砌块的端面上刮砂浆，双手端起小砌块，并使其底面向上，摆放在砂浆层上，并与前一块挤紧，使上下砌块的孔洞对准，挤出的砂浆随手刮去。若使用一端有凹槽的砌块时，应将有凹槽的一端接着平头的一端砌筑。

普通混凝土小型空心砌块质量要求介绍

普通混凝土小型空心砌块是以水泥、砂、碎石或卵石、水等预制成的。混凝土原材料一般选用 42.5 级普通水泥或 42.5 级矿渣水泥和含泥量不大于 0.95%、平均粒径为 0.27 mm 的河砂，碎石规格为 6～13 mm。为了降低水泥用量，又能满足生产工艺对混凝土和易性的要求，可在水泥中掺入矿粉。有的单位采用珍珠岩尾矿粉工业废料，使每立方米混凝土水泥用量降至 192 kg。

为了快速脱模、隔日起吊归堆，除选择合理的配合比外，还可加入氯化钙作早强剂。厚度为 180～200 mm、空心率 60% 左右的混凝土空心砌块，其平均容重约为 960 kg/m³；有保温填充料的砌块，其容重约为 1 414 kg/m³，砌块抗压强度为 50～70 MPa，砌体强度为 4 MPa 左右（相当于 MU20 砖、M2.5 砂浆砌体强度），这说明混凝土空心砌块强度潜力较大。但是，砌块的热工性能较差，200 mm 厚的空心砌块墙体的保温性能只与 3/4 砖墙体相当；隔热性能只稍强于 1/2 砖墙体。为了适应不同建筑的需要，满足其热工要求，可在砌块的孔洞中填塞保温和隔热材料，使砌块墙体的热工性能得到显著提高。有的单位采用粉煤灰泡沫混凝土作为填充料，改善了墙体保温隔热性能，稍优于一砖墙的隔热效果。

普通混凝土小型空心砌块主规格尺寸为 390 mm×190 mm×190 mm，有两个方形孔，最小外壁厚应不小于 30 mm，最小肋厚应不小于 25 mm，空心率应不小于 25% （图 2-9）。

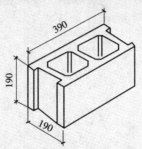

图 2-9　普通混凝土小型空心砌块

普通混凝土小型空心砌块按其强度分为 MU3.5、MU5、MU7.5、MU10、MU15、MU20 六个强度等级。普通混凝土小型空心砌块按其尺寸偏差、外观质量分为优等品、一等品和合格品。

普通混凝土小型空心砌块的尺寸允许偏差应符合表 2-2 的规定。

表 2-2　普通混凝土小型空心砌块尺寸允许偏差　　　　　（单位：mm）

项　　目	优　等　品	一　等　品	合　格　品
长度	±2	±3	±3
宽度	±2	±3	±3
高度	±2	±3	±3 −4

普通混凝土小型空心砌块的外观质量应符合表 2-3 的规定。

表 2-3　普通混凝土小型空心砌块外观质量

项目名称		优等品（A）	一等品（B）	合格品（C）
弯曲（mm）		≤2	≤2	≤3
缺棱掉角	个数（个）	0	≤2	≤2
	三个方向投影尺寸的最小值（mm）	0	≤20	≤30
裂纹延伸的投影尺寸累计（mm）		0	≤20	≤30

普通混凝土小型空心砌块的抗压强度应符合表 2-4 的规定。

表 2-4　普通混凝土小型空心砌块强度

强度等级	砌块抗压强度（MPa）	
	平均值	单块最小值
MU3.5	≥3.5	≥2.8
MU5.0	≥5.0	≥4.0
MU7.5	≥7.5	≥6.0
MU10.0	≥10.0	≥8.0
MU15.5	≥15.0	≥12.0
MU20.0	≥20.0	≥16.0

3. 组砌要点

普通混凝土小砌块不宜浇水，当天气干燥炎热时，可在砌块上稍加喷水润湿；轻骨料混凝土小砌块施工前可洒水，但不宜过多。龄期不足 28 d 或潮湿的小砌块不得进行砌筑。应尽量采用主规格小砌块，小砌块的强度等级应符合设计要求，并应清除小砌块表面污物和芯柱用小砌块孔洞底部的毛边。

在房屋四角或楼梯间转角处设立皮数杆，皮数杆间距不得超过 15 m。皮数杆上应画出各皮小砌块的高度及灰缝厚度。在皮数杆上相对小砌块上边线之间拉准线，小砌块依准线砌筑。

小砌块砌筑应从转角或定位处开始，内外墙同时砌筑，纵横墙交错搭接。外墙转角处应使小砌块隔皮露端面；T 形交接处应使横墙小砌块隔皮露端面，纵墙在交接处改砌两块辅助规格小砌块（尺寸为 290 mm×190 mm×190 mm，一头开口），所有露端面用水泥砂浆抹平（图 2-10）。

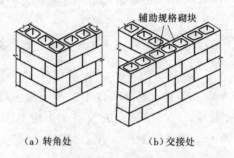

（a）转角处　　　（b）交接处

图 2-10　小砌块墙转角处及 T 形交接处砌法

小砌块应对孔错缝搭砌。上下皮小砌块竖向灰缝相互错开 190 mm。当无法对孔砌筑时，普通混凝土小砌块错缝长度不应小于 90 mm，轻骨料混凝土小砌块错缝长度不应小于 120 mm。当不能保证此规定时，应在水平灰缝中设置 2ϕ4 钢筋网片，钢筋网片每端均应超过该垂直灰缝，其长度不得小于 300 mm，（图 2-11）。

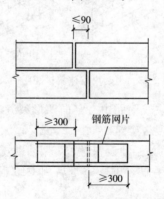

图 2-11　水平灰缝中拉结筋

小砌块砌体的灰缝应横平竖直，全部灰缝均应铺填砂浆；水平灰缝的砂浆饱满度不得低于 90%；竖向灰缝的砂浆饱满度不得低于 80%；砌筑中不得出现瞎缝、透明缝。水平灰缝厚度和竖向灰缝宽度应控制在 8～12 mm。当缺少辅助规格小砌块时，砌体通缝不应超过两皮砌块。

砌块砌体的介绍

砌块砌体是用中小型混凝土砌块或硅酸盐砌块与砂浆砌筑而成的砌体，主要用作住宅、办公楼、学校等定型设计的民用房屋及工业建筑的承重墙或围护墙。

砌块砌体的使用性能决定于砌块本身的特点。在工程设计中，不仅要求砌块尺寸灵活、适应性好，还要求砌块制作方便、施工速度快。这就要求砌块的类型和规格尽量少，而在建筑的立面上和平面上可以排列出不同的组合，使墙体符合使用要求。

目前，我国已经应用的砌块砌体有：混凝土小型空心砌块砌体、混凝土中型空心砌块砌体和粉煤灰中型实心砌块砌体。

与砖砌体一样，砌块砌体也应分皮错缝搭砌。中型砌块上、下皮搭砌长度不得小于砌块高度的 1/3，而且不小于 150 mm；小型砌块上、下皮搭砌长度不得小于 90 mm。

混凝土小型空心砌块由于块小，便于手工砌筑，在使用上比较灵活，多层砌块房屋可以利用砌块的竖向孔洞做成配筋芯柱，其作用相当于多层砖房的构造柱，满足房屋抗震构造的要求。

由于砌块砌体自重轻，保温隔热性能好，施工进度快，经济效益好，因此采用砌块砌体是墙体改革的一项重要措施。

小砌块砌体临时间断处应砌成斜槎，斜槎长度不应小于斜槎高度的 2/3（一般按一步脚手架高度控制）；如留斜槎有困难，除外墙转角处及抗震设防地区，砌体临时间断处不应留直槎外，可从砌体面伸出 200 mm 砌成阴阳槎，并沿砌体高每三皮砌块（600 mm），设拉结筋或钢筋网片，接槎部位宜延至门窗洞口（图 2-12）。

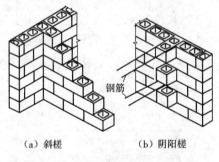

（a）斜槎   （b）阴阳槎
图 2-12 小砌块砌体斜槎和阴阳槎

承重砌体严禁使用断裂小砌块或壁肋中有竖向凹形裂缝的小砌块砌筑；也不得采用小砌块与烧结普通砖等其他块体材料混合砌筑。

小砌块砌体内不宜设脚手眼，如必须设置时，可用辅助规格为 190 mm×190 mm×190 mm 的小砌块侧砌，利用其孔洞作脚手眼，砌体完工后用 C15 混凝土填实。但在砌体下列部位不得设置脚手眼：

（1）过梁上部，与过梁成 60°角的三角形及过梁跨度 1/2 范围内。

（2）宽度不大于 800 mm 的窗间墙。

（3）梁和梁垫下及左右各 500 mm 的范围内。

（4）门窗洞口两侧 200 mm 内和砌体交接处 400 mm 的范围内。

（5）设计规定不允许设脚手眼的部位。

小砌块砌体相邻工作段的高度差不得大于一个楼层高度或 4 m。

常温条件下，普通混凝土小砌块的日砌筑高度应控制在 1.8 m 内；轻骨料混凝土小砌块的日砌筑高度应控制在 2.4 m 内。

对砌体表面的平整度和垂直度，灰缝的厚度和砂浆饱满度应随时检查，校正偏差。在砌完每一楼层后，应校核砌体的轴线尺寸和标高，允许范围内的轴线及标高的偏差，可在楼板面上予以校正。

五、芯柱施工

（1）当设有混凝土芯柱时，应按设计要求设置钢筋，其搭接接头长度不应小于 $40d$（d 为钢筋直径）。芯柱应随砌随灌随捣实。

（2）当砌筑无楼板墙时，芯柱钢筋应与上、下层圈梁连接，并按每一层进行连续浇筑。

（3）钢筋混凝土芯柱宜用不低于 C15 的细石混凝土浇灌，每孔内插入不小于 1 根 $\phi 10$ 钢筋，钢筋底部伸入室内地面以下 500 mm 或与基础圈梁锚固，顶部与屋盖圈梁锚固。

（4）在钢筋混凝土芯柱处，沿墙高每隔 600 mm 应设直径 4 mm 钢筋网片拉结，每边伸入墙体不小于 600 mm。

（5）芯柱部位宜采用不封底的通孔小砌块，当采用半封底小砌块时，砌筑前应打掉孔洞毛边。

（6）混凝土浇筑前，应清理芯柱内的杂物及砂浆，用水冲洗干净，校正钢筋位置，并绑扎或焊接固定后，方可浇筑。

浇筑时，每浇灌 400～500 mm 高度捣实一次，或边浇灌边捣实。

（7）芯柱混凝土的浇筑，必须在砌筑砂浆强度大于 1 MPa 以上时，方可进行浇筑。同时要求芯柱混凝土的坍落度控制在 120 mm 左右。

六、质量标准

1. 主控项目

（1）小砌块和芯柱混凝土、砌筑砂浆的强度等级必须符合设计要求。

抽检数量：每一生产厂家，每 1 万块小砌块为一验收批，不足 1 万块按一批计，抽检数量为一组。用于多层以上建筑的基础和底层的小砌块抽检数量不应少于 2 组。砂浆试块的抽检数量应执行《砌体结构工程施工质量验收规范》（GB 50203—2011）的有关规定。

检验方法：检查小砌块和芯柱混凝土、砌筑砂浆试块试验报告。

（2）砌体水平灰缝和竖向灰缝的砂浆饱满度，按净面积计算不得低于 90%。

抽检数量：每检验批抽查不应少于 5 处。

检验方法：用专用百格网检测小砌块与砂浆黏结痕迹，每处检测 3 块小砌块，取其平均值。

（3）墙体转角处和纵横墙交接处应同时砌筑。临时间断处应砌成斜槎，斜槎水平投影长度不应小于斜槎高度。施工洞口可预留直槎，但在洞口砌筑和补砌时，应在直槎上下搭砌的小砌块孔洞内用强度等级不低于 C20（或 Cb20）的混凝土灌实。

抽检数量：每检验批抽查不应少于 5 处。

检验方法：观察检查。

（4）小砌块砌体的芯柱在楼盖处应贯通，不得削弱芯柱截面尺寸；芯柱混凝土不得漏灌。

抽检数量：每检验批抽查不应少于 5 处。

检验方法：观察检查。

2. 一般项目

（1）砌体的水平灰缝厚度和竖向灰缝宽度宜为 10 mm，但不应大于 12 mm，也不应小于 8 mm 。

抽检数量：每检验批抽查不应少于 5 处。

抽检方法：水平灰缝用尺量 5 皮小砌块的高度折算；竖向灰缝宽度用尺量 2 m 砌体长度折算。

（2）小砌块砌体尺寸、位置的允许偏差参见表 1-15 的规定执行。

第二节　加气混凝土砌块砌筑

一、砌筑准备

（1）墙体施工前，应将基础顶面或楼层结构面按标高找平，依据图样放出第一皮砌块的轴线、砌体的边线及门窗洞口位置线。

（2）砌块提前 2 d 进行浇水润湿，浇水时把砌块上的浮尘冲洗干净。

（3）砌筑墙体前，应根据房屋立面及剖面图、砌块规格等绘制砌块排列图（水平灰缝按 15 mm，垂直灰缝按 20 mm），按排列图制作皮数杆，根据砌块砌体标高要求立好皮数杆，皮数杆立在砌体的转角处，纵向长度一般不应大于 15 m 立一根。

（4）配制砂浆。按设计要求的砂浆品种、强度等级进行砂浆配制，配合比由实验室确定，采用质量比，计量精度为水泥±2%，砂、石灰膏控制在±5%以内，应采用机械搅拌，搅拌时间不少于 1.5 min。

二、砌块排列

（1）应根据工程设计施工图样，结合砌块的品种规格，绘制砌体砌块的排列图，经审核无误后，按图进行排列。

（2）排列应从基础顶面或楼层面进行，排列时应尽量采用主规格的砌块，砌体中主规格砌块应占总量的 80% 以上。

（3）砌块排列应按设计的要求进行，砌筑外墙时，应避免与其他墙体材料混用。

（4）砌块排列上下皮应错缝搭砌，搭砌长度一般为砌块长度的 1/3，也不应小于 150 mm。

（5）砌体的垂直缝与窗洞口边线要避免同缝。

（6）外墙转角处及纵横墙交接处，应将砌块分皮咬槎，交错搭砌，砌体砌至门窗洞口边非整块时，应用同品种的砌块加工切割，不得用其他砌块或砖镶砌。

（7）砌体水平灰缝厚度一般为 15 mm，如果加网片筋，则水平灰缝的厚度为 20～25 mm，垂直灰缝的厚度为 20 mm，大于 30 mm 的垂直灰缝应用 C20 级细石混凝土灌实。

（8）凡砌体中需固定门窗或其他构件以及搁置过梁、搁板等部位，应尽量采用大规格和规则整齐的砌块砌筑，不得使用零星砌块砌筑。

（9）砌块砌体与结构构件位置有矛盾时，应先满足构件要求。

三、砌筑要点

加气混凝土小砌块一般采用铺灰刮浆法，即先用瓦刀或专用灰铲在墙顶上摊铺砂浆，在已砌的砌块端面刮浆，然后将小砌块放在砂浆层上并与前块挤紧，随手刮去挤出的砂浆。也可采用只摊铺水平灰缝的砂浆，竖向灰缝用内外临时夹板灌浆。

（1）将搅拌好的砂浆通过吊斗或手推车运至砌筑地点，在砌块就位前用大铁锹、灰勺进行分块铺灰，较小的砌块最大铺灰长度不得超过 1 500 mm。

（2）砌块就位与校正。砌块砌筑前应把表面浮尘和杂物清理干净，砌块就位应先远后近，先下后上，先外后内，应从转角处或定位砌块处开始，吊砌一皮校正一皮。

（3）砌块就位与起吊应避免偏斜，使砌块底面水平下落，就位时由人手扶控制对准位置，缓慢地下落，经小撬棍微撬，拉线控制砌体标高和墙面平整度，用托线板挂直，校正为止。

（4）竖缝灌砂浆。每砌一皮砌块就位后，用砂浆灌实直缝，加气混凝土砌块墙的灰缝应横平竖直，砂浆饱满，水平灰缝砂浆饱满度不应小于 90％；竖向灰缝砂浆饱满度不应小于 80％。水平灰缝厚度宜为 15 mm；竖向灰缝宽度宜为 20 mm。随后进行灰缝的勒缝（原浆勾缝），深度一般为 3～5 mm。

（5）加气混凝土砌块的切锯、钻孔打眼、镂槽等应采用专用设备、工具进行加工，不得用斧、凿随意砍凿，砌筑上墙后更要注意。

加气混凝土砌块构造要求介绍

（1）加气混凝土砌块可砌成单层墙或双层墙体。单层墙是将加气混凝土砌块立砌，墙厚为砌块的宽度。双层墙是将加气混凝土砌块立砌两层，中间夹以空气层，两层砌块间，每隔 500 mm 墙高在水平灰缝中放置 4～6 mm 的钢筋扒钉，扒钉间距为 600 mm，空气层厚度约 70～80 mm，如图 2-13 所示。

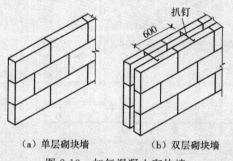

（a）单层砌块墙　　　　（b）双层砌块墙

图 2-13　加气混凝土砌块墙

（2）承重加气混凝土砌块墙的外墙转角处、墙体交接处，均应沿墙高 1 m 左右，在水平灰缝中放置拉结钢筋，拉结钢筋为 3φ6，钢筋伸入墙内不少于 1 000 mm，如图 2-14 所示。

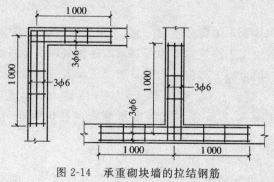

图 2-14　承重砌块墙的拉结钢筋

（3）非承重墙与承重墙交接处，应沿墙高每隔 1 m 左右用 2ϕ6 或 3ϕ4 钢筋与承重墙拉结，每边伸入墙内长度不小于 700 mm，如图 2-15 所示。

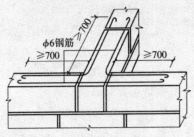

图 2-15　非承重墙与承重墙拉结

（4）非承重墙与框架柱交接处，除了上述布置拉结筋外，还应用 ϕ8 钢筋套过框架柱后插入砌块顶的孔洞内，孔洞内用黏结砂浆分两次灌密实，如图 2-16 所示。

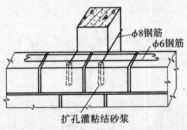

图 2-16　非承重墙与框架柱拉结

（5）为防止加气混凝土砌块砌体开裂，在墙体洞口的下部应放置 2ϕ6 钢筋，伸过洞口两侧边的长度，每边不得少于 500 mm，如图 2-17 所示。

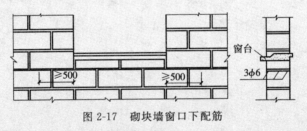

图 2-17　砌块墙窗口下配筋

（6）外墙水平方向的凹凸部分（如线脚、雨篷、窗台、檐口等）和挑出墙面的构件，应做好泛水和滴水线槽，以免其与加气混凝土砌体交接的部位积水，造成加气混凝土盐析、冻融破坏和墙体渗漏。

（7）砌筑外墙时，砌体上不得留脚手眼（洞），可采用里脚手架或双排立柱外脚手架。

（8）当加气混凝土砌块用于砌筑具有保温要求的砌体时，对外露墙面的普通钢筋混凝土柱、梁和挑出的屋面板、阳台板等部位，均应采取局部保温处理措施，如用加气混凝土砌块外包等，可避免贯通式"热桥"；在严寒地区，加气混凝土砌块应用保温砂浆砌筑，如图 2-18 所示，在柱上还需每隔 1 m 左右的高度甩筋或加柱箍钢筋与加气混凝土砌块砌体连接。

（9）砌筑外墙及非承重隔墙时，不得留脚手眼。

（10）不同干容重和强度等级的加气混凝土小砌块不应混砌，也不得用其他砖或砌块混砌。填充墙底、顶部及门窗洞口处局部采用烧结普通砖或多孔砖砌筑不视为混砌。

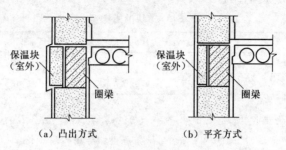

（a）凸出方式　　　　　　　（b）平齐方式

图 2-18　外墙局部保温处理

（11）加气混凝土砌块墙如无切实有效措施，不得使用于下列部位：

1）建筑物室内地面标高以下部位；

2）长期浸水或经常受干湿交替影响部位；

3）受化学环境侵蚀（如强酸、强碱）或高浓度二氧化碳等环境；

4）砌块表面经常处于 80℃ 以上的高温环境。

蒸压加气混凝土砌块质量要求介绍

（1）砌块按强度和干密度分级。

1）强度级别分为：A1.0、A2.0、A2.5、A3.5、A5.0、A7.5、A10 七个级别。

2）干密度级别分为：B03、B04、B05、B06、B07、B08 六个级别。

（2）砌块等级。砌块按尺寸偏差与外观质量、干密度、抗压强度和抗冻性分为：优等品（A）、合格品（B）两个等级。

（3）砌块的尺寸偏差和外观质量应符合表 2-5 的规定。

表 2-5　砌块的尺寸偏差和外观质量

项　目			指　标	
			优等品（A）	合格品（B）
尺寸允许偏差（mm）	长度	L	±3	±4
	宽度	B	±1	±2
	高度	H	±1	±2
缺棱掉角	最小尺寸不得大于（mm）		0	30
	最大尺寸不得大于（mm）		0	70
	大于以上尺寸的缺棱掉角个数，不多于（个）		0	2
裂纹长度	贯穿一棱二面的裂纹长度不得大于裂纹所在面的裂纹方向尺寸总和的		0	1/3
	任一面上的裂纹长度不得大于裂纹方向尺寸的		0	1/2
	大于以上尺寸的裂纹条数，不多于（条）		0	2
爆裂、粘膜和损坏深度不得大于（mm）			10	30
平面弯曲			不允许	
表面疏松、层裂			不允许	
表面油污			不允许	

（4）砌块的干密度应符合表 2-6 的规定。

表 2-6　砌块的干密度　　　　　　　　　　（单位：kg/m³）

干密度级别		B03	B04	B05	B06	B07	B08
干密度	优等品（A）	≤300	≤400	≤500	≤600	≤700	≤800
	合格品（B）	≤325	≤425	≤525	≤625	≤725	≤825

（5）砌块的干燥收缩、抗冻性和热导率（干态）应符合表 2-7 的规定。

表 2-7　砌块的干燥收缩、抗冻性和导热系数（干态）

干密度级别			B03	B04	B05	B06	B07	B08
干燥收缩值	标准法（mm/m）		≤0.50					
	快速法（mm/m）		≤0.80					
抗冻性	质量损失（%）		≤5.0					
	冻后强度（MPa）≥	优等品（A）	0.8	1.6	2.8	4.0	6.0	8.0
		合格品（B）			2.0	2.8	4.0	6.0
热导率（干态）[W/（m·K）]　≤			0.10	0.12	0.14	0.15	0.18	0.20

注：规定采用标准法、快速法测定砌块干燥收缩值，若测定结果发生矛盾不能判定时，则以标准法测定的结果为准。

（6）原材料要求。

1）水泥应符合《通用硅酸盐水泥国家标准第 1 号修改单》（GB 175—2007/XG1—2009）的规定。砂应符合《硅酸盐建筑制品用砂》（JC/T 622—2009）的规定。

2）生石灰应符合《硅酸盐建筑制品用生石灰》（JC/T 621—2009）的规定。粉煤灰应符合《硅酸盐建筑制品用粉煤灰》（JC/T 409—2001）的规定。

3）铝粉应符合《加气混凝土用铝粉膏》（JC/T407—2008）的规定。

4）掺用工业废渣时，废渣的放射性水平应符合《建筑材料放射性核素限量》（GB 6566—2010）的规定。

四、质量标准

1. 主控项目

砌块和砌筑砂浆的强度等级应符合设计要求。

检验方法：检查砌块的产品合格证书、产品性能检测报告和砂浆试块试验报告。

2. 一般项目

（1）砌体一般尺寸的允许偏差应符合表 2-8 的规定。

表 2-8　加气混凝土砌体一般尺寸允许偏差

项次	项目		允许偏差（mm）	检验方法
1	轴线位移		10	用尺检查
	垂直度	≤3 cm	5	用 2 m 托线板或吊线、尺检查
		>3 cm	10	
2	表面平整度		8	用 2 m 靠尺和楔形塞尺检查
3	门窗洞口高、宽（后塞口）		±5	用尺检查
4	外墙上、下窗口偏移		20	用经纬仪或吊线检查

抽检数量：对表 2-8 中 1、2 项，在检验批的标准间中随机抽查 10%，但不应少于 3 间；大面积房间和楼道连接两个轴线每 10 延长米按一标准间计数，每间检验不应少于 3 处。对表 2-8 中 3、4 项，在检验批中抽检 10%，且不应少于 5 处。

（2）加气混凝土砌块不应与其他块材混砌。

抽检数量：在检验批中抽检 20%，且不应少于 5 处。

检验方法：外观检查。

（3）加气混凝土砌块砌体的灰缝砂浆饱满度不应小于 80%。

抽检数量：每步架子不少于 3 处，且每处不应少于 3 块。

检验方法：用百格网检查砌块底面砂浆的黏结痕迹面积。

（4）加气混凝土砌块砌体留置的拉结钢筋或网片的位置与砌块皮数相符合。拉结钢筋或网片应置于灰缝中，埋置长度应符合设计要求，竖向位置偏差不应超过一定砌块高度。

抽检数量：在检验批中抽检 20%，且不应少于 5 处。

检验方法：观察和用尺量检查。

（5）砌块砌筑时应错缝搭接，搭接长度不应小于砌块长度的 1/3；竖向通缝不应大于 2 皮。

抽检数量：在检验批的标准间中抽查 10%，且不应少于 3 间。

检验方法：观察和用尺检查。

（6）加气混凝土砌块砌体的水平灰缝厚度及竖向灰缝宽度分别宜为 15 mm 和 20 mm。

抽检数量：在检验批的标准间中抽查 10%，且不应少于 3 间。

检验方法：用尺量 5 皮砌块的高度和 2 m 砌体长度。

（7）加气混凝土砌块墙砌至接近梁、板底时，应留一定空隙，待墙体砌筑完并应至少间隔 7 d 后，再将其补砌挤紧。

抽检数量：每验收批抽 10% 墙片（每两柱间的填充墙为一墙片），且不应少于 3 墙片。

检验方法：观察检查。

第三节　粉煤灰砌块砌筑

一、砌块排列

按砌块排列图在墙体线范围内分块定尺、划线，排列砌块的方法和要求如下：

（1）砌筑前，应根据工程设计施工图，结合砌块的品种、规格，绘制砌体砌块的排列图，经审核无误，按图排列砌块。

（2）砌块排列时尽可能采用主规格的砌块，砌体中主规格的砌块应占总量的 75%～80%。其他副规格砌块（如 580 mm×380 mm×240 mm、430 mm×380 mm×240 mm、280 mm×380 mm×240 mm）和镶砌用砖（标准砖或承重多孔砖）应尽量减少，分别控制在 5%～10% 以内。

（3）砌块排列上下皮应错缝搭砌，搭砌长度一般为砌块的 1/2，不得小于砌块高的 1/3，也不应小于 150 mm。如果搭接缝长度满足不了要求，应采取压砌钢筋网片的措施，具体构造按设计规定。

（4）墙转角及纵横墙交接处，应将砌块分层咬槎，交错搭砌，如果不能咬槎时，按设计要求采取其他的构造措施；砌体垂直缝与门窗洞口边线应避开同缝，且不得采用砖镶砌。

（5）砌块排列尽量不镶砖或少镶砖，需要镶砖时，应用整砖镶砌，而且尽量分散、均匀布置，使砌体受力均匀。砖的强度等级应不小于砌块的强度等级。镶砖应平砌，不宜侧砌或竖砌，墙体的转角处和纵横墙交接处不得镶砖；门窗洞口不宜镶砖，如需镶砖时，应用整砖镶砌，不得使用半砖镶砌。

在每一楼层高度内需镶砖时，镶砌的最后一皮砖和安置有搁栅、楼板等构件下的砖层须用顶砖镶砌，而且必须用无横断裂缝的整砖。

（6）砌体水平灰缝厚度一般为 15 mm，如果是加钢筋网片的砌体，水平灰缝厚度为 20～25 mm，垂直灰缝宽度为 20 mm；大于 30 mm 的垂直缝，应用 C20 的细石混凝土灌实。

二、砌块砌筑

（1）粉煤灰砌块墙砌筑前，应按设计图绘制砌块排列图，并在墙体转角处设置皮数杆。粉煤灰砌块的砌筑面应适量浇水。

粉煤灰砌块质量要求介绍

粉煤灰砌块是以粉煤灰、石灰、石膏和骨料等为原料，加水搅拌、振动成型、蒸汽养护而制成的。粉煤灰砌块的主要性能如下：

（1）物理力学性能。以煤渣作骨料的粉煤灰砌块的自然容重一般为 1 500～1 750 kg/m³，相应干容重为 1 300～1 550 kg/m³，比黏土砖（自然容重 1 800 kg/m³ 左右）轻；抗压强度一般为 15 MPa 左右，抗折强度为抗压强度的 0.167～0.25 倍，抗拉强度为抗压强度的 0.063～0.1 倍，与普通水泥混凝土相近，抗剪强度为抗压强度的 0.12～0.17 倍，略低于普通水泥混凝土。由于粉煤灰颗粒有吸水较多的特性，骨料又是多孔性材料，所以砌块的吸水性大，与黏土砖相比，吸水速度慢。在干燥状态下，砌块的热导率为 0.47～0.58 W/(m·K)，比黏土砖热导率 [0.58～0.70 W/(m·K)] 小，因此保温性能较好。粉煤灰砌块的收缩值较普通水泥混凝土大，一般为 0.7 mm/m，因此应存放一定时间才能砌筑。粉煤灰砌块的防火性与普通水泥混凝土差不多，能够达到防火标准中规定的非燃烧的要求。

（2）耐久性。建筑材料的耐久性，一般指在建筑物使用年限内，在外界的物理和化学作用下，保持其使用性能的能力，一般指其耐水性、抗冻性、碳化稳定性、综合耐久性等。工程实践表明，在水中养护一年的砌块强度增长 17%，长期浸在水中或埋在地下的建筑物基础、码头建筑等后期强度也是增长的，说明粉煤灰砌块是水硬性材料。通过在寒冷地区使用砌块的情况表明，一般能达到抗冻性质量要求（强度在 10 MPa 以上的粉煤灰砌块，其抗冻性能完全满足 15 次或 25 次冻融循环的要求）。但是在经常受干湿、冻融交替比较频繁的部位，如檐口、窗台、勒脚、水落管等，可做水泥砂浆外粉刷，构造上可采取檐口挑出，勒脚做散水坡等措施，以增加其抗冻性能。所谓碳化稳定性，即在空气中二氧化碳的作用下，其强度变化的稳定性，以碳化系数（试件在碳化后的强度与碳化前的强度的比值）来衡量，一般在 0.7 左右。在实际使用中，碳化作用是不可避免的。粉煤灰砌块碳化后的强度是稳定的。一般建成十年左右的粉煤灰砌块建筑，外墙面碳化深度为 40～60 mm，内墙为 50～100 mm，碳化后的砌块表面都没有发现任何破坏症状。强度在 10 MPa 以上，抗冻性合格，外观良好的砌块，其综合耐久性是良好的，且没有任何酥松、粉化等现象。

由于粉煤灰砌块只有十几年的历史，在寒冷地区建筑物基础和地下工程中虽有所应用，但工程时间还不多。因此，在寒冷地区或在地下工程中使用时，还应注意积累经验，加强试验研究，以确保工程质量。

粉煤灰砌块的主要规格尺寸为 880 mm×380 mm×240 mm、880 mm×430 mm×240 mm。砌块端面留灌浆槽，如图 2-19 所示。粉煤灰砌块按其抗压强度分为 MU10、MU13 两个强度等级。各强度等级的抗压强度应符合表 2-9 的规定。

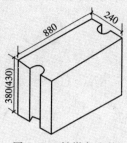

图 2-19　粉煤灰砌块

表 2-9　粉煤灰砌块抗压强度　　　　　　　　　　　　（单位：MPa）

强 度 等 级	抗 压 强 度		人工炭化后
	三块平均值	单块最小值	强度
MU10	≥10.0	≥8.0	≥7.5
MU13	≥13.0	≥10.5	≥6

粉煤灰砌块按其外观质量、尺寸偏差和收缩性能分为一等和合格两个品级。各品级的外观质量和尺寸允许偏差应符合表 2-10 的规定。

表 2-10　粉煤灰砌块的外观质量和尺寸允许偏差

项　　目		指　　标	
		一等品	合格品
外观质量	表面疏松 贯穿面棱的裂缝 任一面上的裂缝长度不得大于裂缝方向砌块尺寸的 石灰团、石膏团 石灰团、石膏团	不允许 不允许 1/3 直径大于 5 mm 的不允许	
	粉煤灰团、空洞和爆裂	直径大于 30 mm 的不允许	直径大于 50 mm 的不允许
	局部凸起高度（mm）	≤10	≤15
	翘曲（mm）	≤6	≤8
	缺棱掉角在长、宽、高三个方向上投影的最大值（mm）	≤30	≤50
高低差	长度方向（mm）	6	8
	宽度方向（mm）	4	6
尺寸允许偏差	长度（mm）	+4 −6	+5 −10
	宽度（mm）	±3	±6
	高度（mm）	+4 −6	+5 −10

（2）粉煤灰砌块的砌筑方法可采用"铺灰灌浆法"。先在墙顶上摊铺砂浆，然后将砌块按砌筑位置摆放到砂浆层上，并与前一块砌块靠拢，留出不大于 20 mm 的空隙。待砌完一皮砌块后，在空隙两旁装上夹板或塞上泡沫塑料条，在砌块的灌浆槽内灌砂浆，直至灌满。等到砂浆开始硬化不流淌时，即可卸掉夹板或取出泡沫塑料条，如图 2-20 所示。

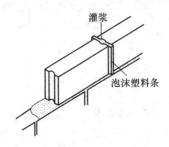

图 2-20　粉煤灰砌块砌筑

（3）砌块砌筑应先远后近，先下后上，先外后内。每层应从转角处或定位砌块处开始，应吊一皮，校正一皮，皮皮拉麻线控制砌块标高和墙面平整度。

（4）砌筑时，应采用无楺法操作，即将砌块直接安放在平铺的砂浆上。砌筑应做到横平竖直，砌体表面平整清洁，砂浆饱满，灌缝密实。

（5）内外墙应同时砌筑，相邻施工段之间或临时间断处的高度差不应超过一个楼层，并应留阶梯形斜槎。附墙垛应与墙体同时交错搭砌。

（6）粉煤灰砌块是立砌的，立面组砌形式只有全顺一种。上下皮砌块的竖缝相互错开440 mm，个别情况下相互错开应不小于 150 mm。

（7）粉煤灰砌块墙水平灰缝厚度不应大于 15 mm，竖向灰缝宽度不应大于 20 mm（灌浆槽处除外），水平灰缝砂浆饱满度不应小于90%，竖向灰缝砂浆饱满度不应小于80%。

（8）粉煤灰砌块墙的转角处及丁字交接处，可使隔皮砌块露头，但应锯平灌浆槽，使砌块端面为平整面，如图 2-21 所示。

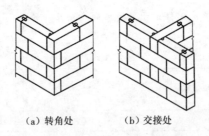

（a）转角处　　　　（b）交接处

图 2-21　粉煤灰砌块墙转角处、交接处的砌法

（9）校正时，不得在灰缝内塞进石子、碎片，也不得强烈振动砌块；砌块就位并经校正平直、灌垂直缝后，应随即进行水平灰缝和竖缝的勒缝（原浆勾缝），勒缝的深度一般为3～5 mm。

（10）粉煤灰砌块墙中门窗洞口的周边，宜用烧结普通砖砌筑，砌筑宽度应不小于半砖。

（11）粉煤灰砌块墙与承重墙（或柱）交接处，应沿墙高 1.2 m 左右在水平灰缝中设置3 根直径 4 mm 的拉结钢筋，拉结钢筋伸入承重墙内及砌块墙的长度均不小于 700 mm。

（12）粉煤灰砌块墙砌到接近上层楼板底时，因最上一皮不能灌浆，可改用烧结普通砖或煤渣砖斜砌挤紧。

（13）砌筑粉煤灰砌块外墙时，不得留脚手眼。每一楼层内的砌块墙应连续砌完，尽量不留接槎。如必须留槎时，应留成斜槎，或在门窗洞口侧边间断。

（14）当板跨大于 4 m 并与外墙平行时，楼盖和屋盖预制板紧靠外墙的侧边宜与墙体或圈梁拉结锚固，如图 2-22 所示。

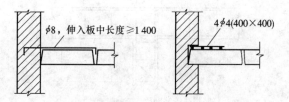

图 2-22　非支承向板与墙体拉结锚固

对于钢筋混凝土预制楼板相互之间以及板与梁、墙与圈梁的连接更要注意加强。

三、质量标准

粉煤灰砌块砌体的质量标准可参照加气混凝土砌块砌体的质量标准，粉煤灰砌块砌体的允许偏差应符合表 2-11 的规定。

表 2-11　粉煤灰砌块砌体允许偏差

项　次	项　目			允许偏差（mm）	检　验　方　法
1	轴线位置			10	用经伟仪、水平仪复查或检查施工记录
2	基础或楼面标高			±15	用经纬仪、水平仪复查或检查施工记录
3	垂直度	每楼层		5	用吊线法检查
		全高	10 m 以下	10	用经纬仪或吊线尺检查
			10 m 以上	20	用经纬仪或吊线尺检查
4	表面平整度			10	用 2 m 长直尺和塞尺检查
5	水平灰缝平直度	清水墙		7	灰缝上口处用 10 m 长的线拉直并用尺检查
		混水墙		10	
6	水平灰缝厚度			+10 −5	与线杆比较，用尺检查
7	竖向灰缝宽度			+10 −5 ＞30 用细石混凝土	用尺检查
8	门窗洞口宽度（后塞框）			+10 −5	用尺检查
9	清水墙面游丁走缝			2	用吊线和尺检查

第四节　多层砌块砌体砌筑

一、砌块砌体构造要求

1. 一般规定

（1）砌块砌体应分皮错缝搭接，上下皮搭砌长度不得小于 90 mm。

（2）当搭接长度不满足上述要求时，应在水平灰缝内设置不少于 $2\phi4$ 的焊接钢筋网片，横向钢筋的间距不应大于 200 mm，网片每端均应超过该垂直缝，其长度不得小于 300 mm。

（3）填充墙、隔墙应分别采取措施与周边构件连接。

（4）砌块墙与后砌隔墙交接处，应沿墙高每 400 mm 在水平灰缝内设置不少于 $2\phi4$、横筋间距不大于 200 mm 的焊接钢筋网片，如图 2-23 所示。

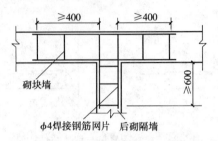

图 2-23　砌块墙与后砌隔墙交接

（5）混凝土砌块墙体的下列部分，如未设圈梁或混凝土垫块，应采用不低于 C20 的灌孔混凝土将孔洞灌实。

1）搁栅、檩条和钢筋混凝土楼板的支承面下，高度不应小于 200 mm 的砌体。

2）屋架、大梁等构件的支承面下，高度不应小于 600 mm，长度不应小于 600 mm 的砌体。

3）挑梁支承面下，距离中心线每边不应小于 300 mm，高度不应小于 600 mm 的砌体。

（6）山墙处的壁柱宜砌至山墙顶部，屋面构件应与山墙可靠拉结。在风压较大的地区，屋盖不宜挑出山墙。

（7）不应在截面长边小于 500 mm 的承重墙体、独立柱内埋设管线。墙体中应避免开凿沟槽，无法避免时应采取必要的加强措施或按削弱后的截面验算墙体的承载力。

2. 材料要求

砌块砌体材料的最低强度等级见表 2-12。

表 2-12　砌块砌体材料的最低强度等级

序　　号	砌块砌体的应用部分		砌　　块	砌　　浆
1	五层及五层以上房屋的墙 受振动的墙 层高大于 6 m 的墙		MU7.5	M5
2	地面以下或防湿层以下的混凝土砌块砌体潮湿房间墙	稍潮湿的	MU7.5	M5（水泥沙浆）
		很潮湿的	MU7.5	M7.5（水泥沙浆）
		含水饱和的	MU10	M10（水泥沙浆）

注：地面以下或者防潮层以下的砌体采用混凝土空心砌块砌体时，其孔洞应采用不低于 C20 的混凝土灌实，对安全等级为一级或设计使用年限大于 50 年的房屋墙柱所用材料的最低强度等级应至少提高一级。

3. 圈梁构造

（1）设置位置。为增强房屋的整体刚度，防止由于地基不均匀沉降或较大振动荷载等对房屋引起的不利影响，在墙中设置钢筋混凝土圈梁。

1）空旷的单层房屋，如车间、仓库、食堂等，应按下列规定设置圈梁。

①砌块砌体房屋，檐口标高为 4～5 m 时，应在檐口标高处设置圈梁一道，檐口标高大

于 5 m 时，应增加设置数量。

②对有起重机或较大振动设备的单层工业房屋，除在檐口或窗顶标高处设置现浇钢筋混凝土圈梁外，尚应在起重机梁标高处或其他适当位置增设。

2) 多层砌块房屋，应按下列规定设置圈梁。

①多层砌块民用房屋，如宿舍、办公楼等，且层数为 3～4 层时，应在底层和檐口标高处设置圈梁一道。当层数超过 4 层时，至少应在所有纵、横墙上隔层设置。

②多层砌块工业房屋，应每层设置现浇钢筋混凝土圈梁。

③设置墙梁的多层砌块房屋，应在托梁、墙梁顶面和檐口标高处设置现浇钢筋混凝土圈梁，其他楼盖处应在所有纵、横墙上每层设置。

④采用现浇钢筋混凝土楼（屋）盖的多层砌块房屋，当层数超过 5 层时，除在檐口标高处设置一道圈梁外，还可隔层设置圈梁，并与楼（屋）面板一起现浇。

3) 建筑在软弱地基或不均匀地基上的砌块房屋，应按下列规定设置圈梁。

①在多层房屋的基础和顶层檐口处各设置一道圈梁，其他各层可隔层设置，必要时也可层层设置。

②单层工业厂房、仓库等，可结合基础梁、连系梁、过梁等酌情设置。

③圈梁宜设置在外纵墙、内纵墙和主要内横墙上。

④在墙体上开洞过大时，宜在开洞部位适当配筋和采用芯柱或构造柱、圈梁加强。

（2）构造要求。

1) 圈梁宜连续地设在同一水平面上，并形成封闭状，当圈梁被门窗洞口截断时，应在洞口上部增设相同截面的附加圈梁。附加圈梁与圈梁的搭接长度不应小于两者垂直间距的 2 倍，且不得小于 1 m。

2) 圈梁的宽度宜与墙厚相同。圈梁的高度宜为块高的倍数，但不宜小于 200 mm，纵向钢筋不应少于 $4\phi10$，箍筋间距不应大于 300 mm。混凝土强度等级不宜低于 C20。

3) 圈梁兼作过梁时，过梁部分的钢筋应按计算用量单独配置。

4) 纵横墙交接处的圈梁应有可靠的连接。挑梁与圈梁相遇时，宜整体现浇，当采用预制挑梁时，应采取适当措施，保证挑梁、圈梁和芯柱的整体连接。

4. 过梁构造

门窗洞口顶部应采用钢筋混凝土过梁，验算过梁下砌体局部承压时，可不考虑上层荷载的影响。过梁上的荷载可按下列规定采用：

（1）梁、板荷载。当梁、板下的墙体高度小于过梁净跨时，应计入梁、板传来的荷载，当梁、板下墙体高度不小于过梁净跨时，可不考虑梁、板荷载。

（2）墙体荷载。当过梁上墙体高度小于 1/2 过梁净跨时，应按墙体的均布自重采用。当墙体高度不小于过梁净跨时，应按高度为 1/2 过梁净跨墙体的均布自重采用。

5. 芯柱构造

（1）设置部位。混凝土小型砌块房屋，应按表 2-1 的要求设置钢筋混凝土芯柱；对于医院、教学楼等横墙较少的房屋，应根据房屋增加一层后的层数，按表 2-1 的要求设置芯柱。

（2）芯柱的截面及连接。

1) 在混凝土小型砌块房屋中，每个芯柱的截面一般为砌块孔洞的尺寸，芯柱截面不宜小于 120 mm×120 mm，其混凝土强度等级不应低于 C20。

2) 芯柱的竖向插筋应贯通墙身且与圈梁连接；插筋不应小于 $1\phi12$，抗震设防烈度 7 度时超过 5 层、8 度时超过 4 层和 9 度时，插筋不应小于 1φ14。

3）芯柱应伸入室外地面下 500 mm 或与埋深小于 500 mm 的基础圈梁相连。

4）为提高墙体抗震受剪承载力而设置的芯柱，宜在墙体内均匀布置，最大净距不宜大于 2.0 m。

5）小砌块房屋墙体交接处或芯柱与墙体连接处应设置拉结钢筋网片，网片可采用直径 4 mm 的钢筋点焊而成，沿墙高每隔 600 mm 设置，每边伸入墙内不宜小于 1 m。

（3）代替芯柱的构造柱。有的小砌块房屋中设置钢筋混凝土构造柱来代替芯柱，该构造柱应符合下列构造要求。

1）构造柱最小截面可采用 190 mm×190 mm，纵向钢筋宜采用 4φ12，箍筋间距不宜大于 250 mm，且在柱上下端宜适当加密；7 度时超过 5 层、8 度时超过 4 层和 9 度时，构造柱纵向钢筋宜采用 4φ14，箍筋间距不应大于 200 mm；外墙转角的构造柱可适当加大截面及配筋。

2）构造柱与砌块墙连接处应砌成马牙槎，与构造柱相邻的砌块孔洞，6 度时宜填实，7 度时应填实，8 度时应填实并插筋；沿墙高每隔 600 mm 应设拉结钢筋网片，每边伸入墙内不宜小于 1 m。

3）构造柱与圈梁连接处，构造柱的纵筋应穿过圈梁，保证构造柱纵筋上下贯通。

4）构造柱可不单独设置基础，但应伸入室外地面下 500 mm，或与埋深小于 500 mm 的基础圈梁相连。

6. 温度伸缩缝设置

（1）为了避免建筑物在不均匀沉降和温度变化时产生裂缝，设计中要人为地设置变形缝，即温度伸缩缝和沉降缝。温度伸缩缝可只将建筑物分开，基础不分开，以使建筑物不同部位在温度作用下有不同的自由伸缩。

（2）温度伸缩缝的间距与室外采暖计算温度有关，可参考表 2-13 所提供的数据。

表 2-13　集中采暖建筑温度伸缩缝的最大间距

序　号	室外计算温度（℃）	砂浆强度等级	
		≥M5	M2.5～M1.0
1	≤−30	25 m	35 m
2	−30～−21	30 m	45 m
3	−20～−11	40 m	60 m
4	≥−10	50 m	75 m

7. 沉降缝设置

（1）沉降缝沿建筑物全高设置，将基础和建筑物沿高度全部分开，以保证建筑物不同部位有不同的沉降量。

（2）建筑物的沉降缝一般在下列情况设置。

1）当建筑物基础下有不同土层，地基土的承载力相差较大时，或者一边为可压缩性土层，而另一边为几乎处于不同压缩层时。

2）在新建筑物与老建筑物接缝处。

3）当建筑物各部分高度相差大于 10 m 以上时。

4）当建筑物各部分荷载相差较大，造成基础宽度相差在 2～3 倍以上时。

5）当建筑物各部分之间基础埋深相差较大时。

8. 控制缝设置

（1）砌块砌体对湿度变化很敏感，随着湿度的变化而发生体积变化。因此，在设计中还要考虑因湿度变化而需设置的缝，通常称之为控制缝。

（2）控制缝应设在因湿度变化发生收缩变形可能引起的应力集中和砌体产生裂缝可能性能最大的部位，如墙高度变化处、墙厚度变化处、基础附近、楼板和屋面板设缝部位以及墙面的开口处。

（3）控制缝应与温度伸缩缝和沉降缝一样能使墙体自由移动，但对外力又要有足够的抵抗能力。

（4）在有实践经验的地方，控制缝的间距也可适当放宽。外墙控制缝也必须是防水的。

二、夹心墙构造要求

1. 夹心墙的特点

夹心墙是集承重、保温、维护或装饰为一体的新型复合墙体。从墙体的受力性能、耐久性和优良的保温隔热性能是其它砌体保温墙体难以比拟的。夹心墙具有以下特点。

（1）夹心墙具有良好的受力性能和抗震性能 。经试验表明，在《砌体结构设计规范》（GB 50003—2011）规定的支承和拉结件或拉结网片的条件下，夹心墙在静力荷载和伪静力（模拟地震作用）下，墙体的整体稳定性提高，夹心墙内外叶墙变形协调，即使在大震或大变形情况下，外叶墙也不会失稳破坏，具有良好抗震性能。

（2）夹心墙由于其夹心层为上下连续贯通（除极少数金属连接件或网片），这种构造可做到按保温隔热需要改变其厚度，满足和适应各种节能墙体指标的要求，且这种做法可达到基本无热（冷）桥，效能高，是节能建筑墙体的首选。

（3）夹心墙的外叶墙可按需要由各种装饰功能的砌块组成，尤其是采用高强高密度装饰劈离砌块，除具有建筑美学功能外，还可满足室外严格的耐久性要求，这也是其他墙体难以达到的地方。

（4）夹心墙的外叶墙和夹心层除装饰、保温功能外，还有一个更重要的作用，就是其对内叶墙（即190厚承重墙）的防护或保护，此种做法极大地减少了内叶墙受到的外界气候影响（风、霜、雨、雪等）的侵蚀，对承重结构的耐久性、消除或减少砌体的裂缝具有非常重要的作用。经工程实践证明夹心墙的内叶墙的裂缝很少出现，但对夹心墙的外叶墙在设计时基于其直接受外界气候影响较大，应按相关规范的有关规定设置局部分割缝。

2. 夹心墙的构造

夹心墙按其整体受力性能分为考虑组合作用的夹心墙和不考虑组合作用的夹心墙两种。两种夹心墙的主要区别在于考虑组合作用的夹心墙的空腔由一定强度的砂浆或混凝土填实，并能沿叶墙和填充材料的界面传递横向剪力，而不考虑组合作用的夹心墙的空腔除填充保温隔热材料外，不填充其他黏结增强材料，不要求叶墙间传递剪力。但是两种夹心墙的叶墙拉结件或网片的构造要求是相同的。从功能上讲，前者是作为以砌体为永久性模板、内部再配套工程筋浇筑砂浆或混凝土的组合配筋墙体设计的，后者是作为保温承重复合的墙体设计的。夹心墙包括一叶墙为承重墙，另一叶墙则为非承重叶墙的夹心墙和两个叶墙均为自承重墙体组成的夹心墙，其构造示意及拉结件形式如图2-24和图2-25所示，夹心墙横向支承圈梁节能构造如图2-26所示。

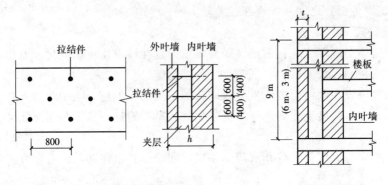

（a）拉结件布置   （b）外叶墙横向支承

图 2-24　夹心墙构造示意

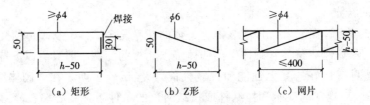

（a）矩形　　　　　　　（b）Z形　　　　　　　（c）网片

图 2-25　夹心墙拉结件形式

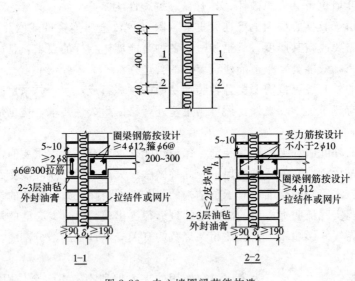

1—1　　　　　　　　　　　　　　2—2

图 2-26　夹心墙圈梁节能构造

三、砌块房屋的防裂措施

1. 产生墙体裂缝的因素

砌块墙体承受着荷载和变形作用，常因某种作用，在墙体应力和变形较大的部分，因墙体抗压、抗剪和抗拉强度不足产生墙体裂缝。

（1）在荷载作用下，砌块墙体强度不足，在墙体上产生受力裂缝，最后将导致墙体破坏。

（2）砌块建筑发生较大的整体或局部的地基不均匀沉降，在墙体上产生裂缝。

（3）屋盖和墙体因温度作用，产生超过墙体抗裂极限的变形，在墙体上产生的温度裂缝。砌块墙体温度线膨胀系数为 $10 \times 10^{-6}/℃$，较砖砌体大 1 倍，因此控制温度对砌块墙体的作用较砖砌体更为重要。

（4）砌块砌体的干缩变形在墙体上产生的干缩裂缝。砌块砌体收缩率为 -0.2 mm/m，砖砌体为 -0.1 mm/m，因此砌块砌体防止墙体干缩很重要。

2. 顶层墙体裂缝

顶层墙体裂缝有下列几种，如图 2-27 所示。

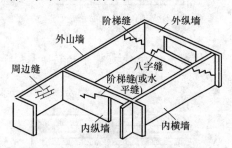

图 2-27　顶层墙体裂缝示意图

（1）顶层房屋两端外纵墙窗角处的裂缝（常称八字缝）和外纵墙的屋顶板下或圈梁底下的水平缝。

（2）顶层房屋端部第一开间内纵墙上的阶梯缝或水平缝。

（3）顶层横墙上，由垂直和水平灰缝连接而成的阶梯缝。

（4）顶层楼梯间两侧横墙上的水平缝或阶梯缝。

顶层墙体裂缝主要是由屋盖和墙体在温度作用下造成的，屋盖和墙体在房屋中处于不同部位，受太阳辐射的程度不同，在屋面和墙面上形成不同的温度场分布，由于屋盖温度与墙体温度有较大的差异，导致屋盖和墙体存在很大的相对变形，使屋面板对墙顶产生很大的水平推力，迫使墙体变形，当墙体某部分因温度作用产生的主拉应力或剪应力超过砌体抗剪强度或抗拉强度时，在墙体某部分就发生斜裂缝或水平裂缝，此外墙体在干缩过程中对墙体裂缝的产生和发展也有较大影响。

砌体力学性能的介绍

（1）抗压强度。砖石砌体每单位面积上能抵抗压力的能力称为抗压强度。砌体的抗压强度是由标准试件经一定条件的养护后，在大型压力机上试压，通过试件破坏时所进行的系列强度的统计平均值而确定的。

抗压强度值就是在砌体水平截面单位面积上所能承受的最大压力值。抗压强度单位为兆帕（MPa）。

砌体的抗压强度与砖的强度和砂浆的强度有直接的关系。砖和砂浆的强度高，砌体的强度也就高；反之，砖和砂浆的强度低，砌体的强度也就低。

（2）抗拉强度。当某一段砌体的两端各受到一个相同的拉力，使砌体拉裂时，砌体受拉截面的单位面积上所承受的拉力称为砌体的抗拉强度。单位同抗压强度。

砌体轴心受拉时，一般沿竖向和水平灰缝成锯齿形或阶梯形拉断破坏，如图 2-28 所示。

这种形式的破坏，是由于砖与砂浆之间黏结强度及砂浆层本身的强度不足所造成的，称为砌体沿齿缝截面破坏。

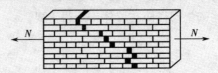

图 2-28　砌体轴心受拉沿齿缝破坏情况

另一种轴心受拉破坏是沿竖向灰缝和砖块本身一起断裂，如图 2-29 所示。这种沿砖截面破坏的主要原因是砖的抗拉强度较弱。

图 2-29　砌体轴心受拉沿砖石截面破坏情况

（3）弯曲抗拉强度。如图 2-30 所示，一段受弯的墙体，在墙体的一侧断面内产生拉应力，另一侧断面内产生压应力。产生拉应力的这部分墙体所能承受的最大拉应力，称为砌体的弯曲抗拉强度。

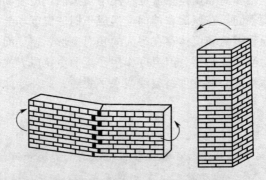

（a）沿齿缝拉裂破坏　　　（b）沿通缝拉裂破坏
图 2-30　受弯的墙体

（4）抗剪强度。如一个砖柱受到水平方向的外力 N，如图 2-31（a）、（b）所示，在受力点以下的砌体内受到水平的剪力。这时下部可能有两种破坏形式：一种是沿水平灰缝破坏；另一种是沿竖直灰缝和水平灰缝成阶梯形破坏。还有一种砌体在弯曲时发生剪切破坏，如钢筋砖过梁由于上部荷载的作用，在过梁的两端产生竖向剪力，这个剪力由砖砌体来承担，当荷载过大或砌体强度不足，则会造成过梁受剪破坏。它的破坏，一般沿灰缝成阶梯形，如图 2-31（c）所示。

总之，砌体的剪切破坏，主要与砂浆强度和饱满度有直接关系。

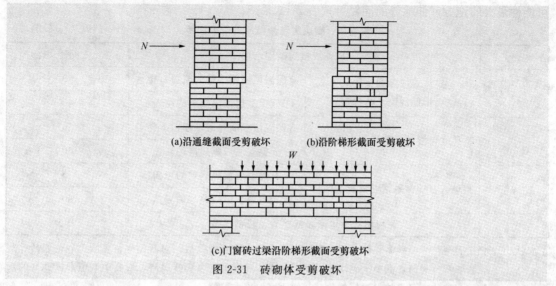

(a)沿通缝截面受剪破坏　　　(b)沿阶梯形截面受剪破坏

(c)门窗砖过梁沿阶梯形截面受剪破坏

图 2-31　砖砌体受剪破坏

（5）从调查中发现，砌块顶层墙体裂缝和屋面的构造、纵墙的长度、墙体的平面布置及墙体的构造措施等有关。特别是与当地气候和环境以及屋盖和墙体的保温、隔热措施有关。上述的墙体裂缝常在屋盖未设保温隔热层或设置简单隔热措施和房屋长度过长或墙体抗裂构造措施不强或设置不当的砌块建筑中发生。调查中也见到一些砌块建筑由于采取了合理和有效的防治墙体裂缝的构造措施，因此砌块墙体未出现裂缝或裂缝可以得到控制。

3. 山墙墙体裂缝

房屋东、西山墙墙面日照强度大，墙体面积大，东、西山墙常见垂直裂缝，偶尔也发现局部墙面上沿砌块四边灰缝的周边缝。东、西山墙在墙面太阳辐射热作用下加速了墙体材料的干缩，墙体在温度膨胀和材料干缩作用下发生垂直裂缝。

4. 底层墙体的裂缝

（1）底层窗台墙体上的垂直或阶梯裂缝。底层窗台墙裂缝主要是由墙体局部差异沉降引起的，如图 2-32（a）所示主要是基础梁刚度不足，窗间墙反向弯曲造成的，或者是由于窗间墙荷载大，底层窗台角未加构造措施或措施不强，致使窗台墙抗剪强度不足造成的。

（2）底层横墙上的垂直裂缝，如图 2-32（b）所示。底层横墙上的垂直裂缝在砌块建筑中偶尔也会发生。该裂缝常在淋雨后的过湿砌块砌筑的墙体上发生，由于底层横墙周边约束条件较好，墙体在有约束条件下干缩，造成在墙体中部的干缩裂缝。底层墙体压力较大，墙体的垂直荷载在其上产生的水平拉应力对裂缝的发生也有一定的作用。

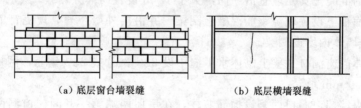

(a) 底层窗台墙裂缝　　　　　(b) 底层横墙裂缝

图 2-32　底层墙体裂缝

5. 砌块墙体的抗裂构造措施

（1）为了防止或减轻房屋在正常使用条件下，由温差和砌体干缩引起的墙体竖向裂缝，应在墙体中设置伸缩缝。伸缩缝应设在因温度和收缩变形可能引起应力集中、砌体产生裂缝可能性最大的地方。伸缩缝的间距可按表 2-14 采用。

表 2-14　砌块房屋伸缩缝的最大间距　　　　　　（单位：m）

序号	屋盖或楼盖类别		间距
1	整体式或装配整体式 钢筋混凝土结构	有保温层或隔热层的屋盖、楼盖	50
		无保温层或隔热层的屋盖	40
2	整体式无檩体系钢筋混凝土结构	有保温层或隔热层的屋盖、楼盖	60
		无保温层或隔热层的屋盖	50
3	整体式有檩体系钢筋混凝土结构	有保温层或隔热层的屋盖	75
		无保温层或隔热层的屋盖	60
4	瓦材屋盖、木屋盖或楼盖、轻钢屋盖		100

注：1. 烧结普通砖、烧结多孔砖、配筋砌块砌体房屋，取表中数值；对石砌体、蒸压灰砂普通砖、蒸压粉煤灰普通砖、混凝土砌块、混凝土普通砖和混凝土多孔砖房屋，取表中数值乘以 0.8 的系数。当墙体有可靠外保温措施时，其间距可取表中数值。

2. 在钢筋混凝土屋面上挂瓦的屋盖应按钢筋混凝土屋盖采用。

3. 层高大于 5 m 的烧结普通砖、烧结多孔砖、配筋砌块砌体结构单层房屋，其伸缩缝间距可按表中数值乘以 1.3。

4. 温差较大且变化频繁地区和严寒地区不采暖的房屋及构筑物墙体的伸缩缝的最大间距，应按表中数值予以适当减小。

5. 墙体的伸缩缝应与结构的其他变形缝相重合，缝宽度应满足各种变形缝的变形要求；进行立面处理时，必须保证缝隙的伸缩作用。

（2）防止或减轻房屋顶层砌块墙体裂缝的措施。

1）屋面应设置保温、隔热层。屋面保温（隔热）层的屋面刚性面层及砂浆找平层应设分隔缝，分隔缝间距不宜大于 6 m，并与女儿墙隔开，其缝宽不小于 30 mm。

2）采用装配式有檩体系瓦材坡屋面。

3）采用钢筋混凝土现浇坡屋面时，宜采用屋面板伸出外墙的挑檐结构。

4）在钢筋混凝土屋面板与墙体圈梁的接触处设置水平滑动层，对于纵墙可在其房屋两端 2～3 个开间内设置。

5）现浇钢筋混凝土屋盖，当房屋较长时，可在屋盖设置分隔缝，分隔缝间距不宜大于 20 m。

6）对外露的混凝土女儿墙宜沿纵向不大于 12 m 设置局部分隔缝。

7）顶层屋面板下设置现浇钢筋混凝土圈梁，并沿内外墙拉通。现浇钢筋混凝土坡屋面应在檐口标高处墙体内增设圈梁。

8）顶层墙体门窗洞口过梁上砌体水平缝中设 $2\phi4$ 网片或 $2\phi6$ 钢筋，网片应伸入过梁两端墙内不小于 600 mm。

9）顶层外纵墙门窗洞口两侧设插筋芯柱，在房屋两端第一开间门窗洞两侧宜加设两个插筋芯柱或采用钢筋混凝土构造柱。插筋芯柱或构造柱应与楼层圈梁连接。

10）顶层房屋两端第一、第二开间的内外纵墙和山墙，在窗台标高外设置通长钢筋混凝土圈梁。圈梁高度宜为块高模数，纵筋不少于 $4\phi10$，箍筋 $\phi6@200$，C20 混凝土。也可在顶层窗台标高处设配筋带，配筋带高度宜为 60 mm，配筋不少于 $2\phi6$。窗台采用现浇钢筋混凝土板。

11）顶层横墙在窗台标高以上设钢筋网，钢筋网间距宜为400 mm，网片配筋2φ4，横筋φ4@200。在横墙端部窗台标高以上长度3m左右为墙体高应力区，宜在该处设插筋芯柱，芯柱间距不宜大于1.5 m。

12）顶层房屋两端第一、第二开间的内纵墙，在墙中应设插筋芯柱，芯柱间距不宜大于1.5 m，在墙中设置横向水平钢筋网片。

13）东西山墙可设置水平钢筋网片或山墙中增设插筋芯柱或构造柱。网片间距不宜大于400 mm，芯柱或构造柱间距不宜大于3 m。

14）提高顶层砂浆强度等级，砂浆强度等级不低于M5。

15）女儿墙应设置构造柱，构造柱间距不宜大于4 m，在房屋两端，两个开间构造柱间距应适当减少。构造柱应与现浇钢筋混凝土压顶整浇在一起。

16）对抗震设防7度和7度以下地区，砌块房屋的顶层、底层墙体可设置竖向控制缝，控制缝间距不宜大于9 mm。

17）砌块出厂龄期应大于28 d，现场堆放应有防雨措施，上墙砌块应严格控制含水率，严禁雨天施工。

18）合理选用砌块外墙的抹灰材料和施工工艺。

（3）防止房屋底层墙体裂缝的措施。

1）增加基础和圈梁刚度，软弱土地基可选用桩基。

2）基础部分砌块墙体在砌块孔洞中用C20混凝土灌实。

3）底层窗台下墙体设通长钢筋网片，竖向间距不大于400 mm。

4）底层窗台采用现浇钢筋混凝土窗台板，窗台板伸入窗间墙内不小于600 mm。

第五节　砌块建筑的施工

一、砌块建筑的施工工艺

1. 砌块的吊装

砌块的吊装如图2-33所示。

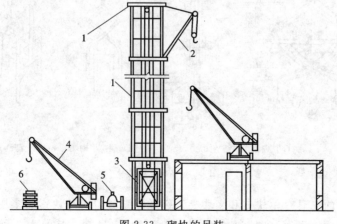

图2-33　砌块的吊装

1—井架；2—井架吊臂；3—井架吊笼；4—塔式起重机；5—卷扬机；6—砌块

砌块吊装前应浇水润湿砌块。在施工中，与砌砖墙一样，也需弹墙身线和立皮数杆，以保证每皮砌块水平和控制层高。

吊装时，按照事先划分的施工段，将台灵架在预定的作业点就位。在每一个吊装作业范围内，根据楼层高度和砌块排列图逐皮安装，吊装顺序是先内后外，先远后近。每层开始安装时，应先立转角砌块（定位砌块），并用托线板校正其垂直度，顺序向同一方向推进，一般不可在两块中插入砌块。必须按照砌块排列严格错缝，转角纵、横墙交接处上下皮砌块必须搭砌。门、窗、转角应选择面平棱直的砌块安装。

砌块起吊使用夹钳时，砌块不应偏心，以免安装就位时，砌块偏斜和挤落灰缝砂浆。砌块吊装就位时，应用手扶着引向安装位置，让砌块垂直而平稳地徐徐下落，并尽量减少冲击，待砌块就位平稳后，方可松开夹具。如安装挑出墙面较多的砌块，应加设临时支撑，保证砌块稳定。

当砌块安装就位出现通缝或搭接小于 150 mm 时，除在灰缝砂浆中安放钢筋网片外，还可用改变镶砖位置或安装最小规格的砌块来纠正。

一个施工段的砌块吊装完毕，按照吊装路线将台灵架移动到下一个施工段的吊装作业范围内或上一楼层，继续吊装。

砌体接槎采用阶梯形，不要留马牙直槎。

2. 吊装夹具

吊装夹具如图 2-34 所示。

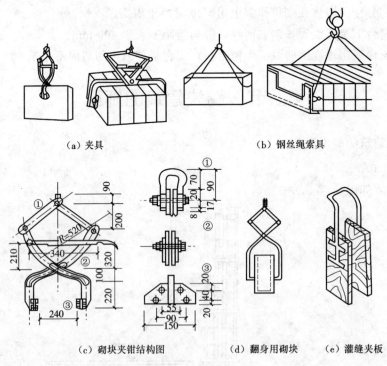

(a) 夹具　　　　　　　　　(b) 钢丝绳索具

(c) 砌块夹钳结构图　　　　(d) 翻身用砌块　　　(e) 灌缝夹板

图 2-34　吊装夹具

砌块吊装使用的夹具有单块夹和多块夹。钢丝绳索具也有单块索和多块索。这几种砌块夹具与索具使用时均较方便。销钉及螺栓所用材料为 45 号钢，其他为 3 号钢，用料尺寸由砌块质量决定。当砌块厚度较小时，用料尺寸可相应减少。

对于一端封口的空心砌块，因运输时孔口朝上，但砌筑时是孔口朝下，因此吊装时用加长砌块夹，夹在砌块重心下部，利用砌块本身重心关系或用手轻轻拨动砌块，孔就向下翻身，随即吊往砌筑位置。

砌块校正块就位后，如发现偏斜，可以用人力轻轻推动，也可用瓦刀、小铁棒微微撬挪移动。如发现有高低不平时，可用木锤敲击偏高处，直至校正为止。如用木锤敲击仍不能校正，应将砌块吊起，重新铺平灰缝砂浆，再安装到水平位置。不得用石块或楔块等垫在砌块底部，以求平整。

校正砌块时，在门、窗、转角处应用托线板和线锤挂直；墙中间的砌块则以拉线为准，每一层再用 2 m 长托线校正。砌块之间的竖缝尽可能保持在 20～30 mm，避免小于 5～15 mm 的狭窄灰缝（俗称瞎眼灰缝）。

3. 铺灰和灌竖缝

砌块砌体的砂浆以用水泥石灰混合砂浆为好，不宜用水泥砂浆或水泥黏土混合砂浆。砂浆不仅要求具有一定的黏结力，还必须具有良好的和易性，以保证铺灰均匀，并与砌块黏结良好；同时可以加快施工速度，提高工效。砌筑砂浆的稠度为 7～8 cm（炎热或干燥环境下）或 5～6 cm（寒冷或潮湿环境下）。

水泥砂浆介绍

水泥砂浆是由水泥和砂子按一定比例混合搅拌而成的，它可以配制强度较高的砂浆。水泥砂浆一般应用于基础、长期受水浸泡的地下室和承受较大外力的砌体。

铺设水平灰缝时，砂浆层表面应尽量做到均匀平坦。上下皮砌块灰缝以缩进 5 mm 为宜。铺灰长度应视气候情况严格掌握，一般每次为 5 mm 左右。酷热或严寒季节，则应适当缩短。平缝砂浆如已干，则应刮去重铺。

基础和楼板上第一皮砌块的铺灰，要注意混凝土垫层和楼板面是否平坦，发现有高低不平时，应用 M10 砂浆或 C15 细石混凝土找平，待找平层稍微干硬后再铺设灰缝砂浆。

竖缝灌缝应做到随砌随灌。灌筑竖缝砂浆和细石混凝土时，可用灌缝夹板夹牢砌块竖缝，用瓦刀和竹片将砂浆或细石混凝土灌入，认真捣实。对于门、窗边规格较小的砌块竖缝，灌缝时应仔细操作，防止挤动砌块。

铺灰和灌缝完成后，下一皮砌块吊装时，不准撞击或撬动已灌好缝的砌块，以防墙砌体松动。当冬期和雨天施工时，还应采取使砂浆不受冻结和雨水冲刷的措施。

4. 镶砖

由于砌块规格限制和建筑平、立面的变化，在砌体中还经常有不可避免的镶砖量。镶砖的强度等级不应低于 10 MPa。

镶砖主要是用于较大的竖缝（通常大于 110 mm）和过梁、圈梁的找平等。镶砖在砌筑前也应浇水润湿，砌筑时宜平砌，镶砖与砌块之间的竖缝一般为 10～20 mm。镶砖的上皮砖口与砌块必须找齐，如图 2-35 所示。

不要使镶砖高于或低于砌块口，否则上皮砌块容易断裂损坏。

门、窗、转角不宜镶砖，必要时应用一砖（190 mm 或 240 mm）镶切，不得使用半砖。镶砖的最后一皮和安放搁栅、楼板、梁、檩条等构件下的砖层，都必须使用整块的顶砖，以确保墙体质量。

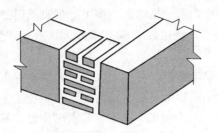

图 2-35　镶砖与砌块上口找齐

二、特殊气候下的施工措施

1. 夏期施工

在酷热、干燥和多风的气候条件下，砂浆和砌块表面水分蒸发很快，铺置于墙身上的砂浆，容易出现未待砌块安装就已干硬的现象。在竖缝中，也常有砂浆脱水现象。这样，就降低了砂浆和砌块的黏结力，严重地影响墙体的质量。因此，必须严格掌握砂浆的适当稠度和充分浇水润湿砌块，提高砂浆在施工时的保水性与和易性。砂浆宜随拌随砌。同时，当一个施工段的吊装作业完成，砂浆初凝后，宜用浇水的方法养护墙体，确保墙体内水分不致过快地蒸发。

在有台风的季节里吊装砌块，当每天的吊装高度完成以后，最好将窗间墙、独立墩子等用支撑加固，避免发生倾倒危险。

2. 雨期施工

雨期吊装砌块往往会出现砂浆坠陷，砌块滑移，水平灰缝和竖缝的砂浆流淌，引起门、窗、转角不直和不平等情况，严重影响墙体质量。产生这种情况的主要原因是水分过多。因此，在砌块堆垛上面宜用油布或芦席等遮盖，尽量使砌块保持干燥。凡淋在雨中、浸在水中的砌块一般不宜立即使用。搅拌砂浆时，按具体情况调整用水量。墙体的水平灰缝厚度应适当减小。砌好墙体后，仍应该注意遮盖。

3. 冬期施工

冬期施工的最主要问题是容易遭受冰冻。当砂浆冻结以后，会使硬化终止而影响砂浆强度和黏结力，同时砂浆的塑性降低，使水平灰缝和竖缝砂浆密实性也降低。因此，施工过程中，应将各种材料集中堆放，并用草帘、草包等遮盖保温，砌筑好的墙体也应用草帘遮盖。

冬期施工时，不可浇水润湿砌块。搅拌砂浆可按规定掺入氯化钙或食盐，以提高砂浆的早期强度和降低砂浆的冰点。所用砂浆材料中不得含有冰块或其他冰结物，遭受冰冻的石灰膏不得使用。必要时将砂与水加热。砂浆稠度适当减小，铺灰长度不宜过长。

第三章　石砌体的砌筑施工

第一节　料石砌筑

一、施工要求

（1）石砌体工程所用的材料应有产品的合格证书、产品性能检测报告。料石、水泥、外加剂等应有材料主要性能的进场合格证及复验报告。

（2）砌筑石材基础前，应校核放线尺寸，其允许偏差规定同第一章表 1-1。

（3）石砌体砌筑顺序应符合下列规定。

1）基底标高不同时，应从低处砌起，并应由高处向低处搭砌。当设计无要求时，搭接长度不应小于基础扩大部分的高度。

2）料石砌体的转角处和交接处应同时砌筑。当不能同时砌筑时，应按规定留槎、接槎。

（4）设计要求的洞口、管道、沟槽应于料石砌体砌筑前正确留出或预埋，未经设计同意，不得打凿料石墙体或在料石墙体上开凿水平沟槽。

（5）搁置预制梁板的料石砌体顶面应找平，安装时应坐浆。当设计无具体要求时，应采用 1：2.5 的水泥砂浆。

（6）设置在潮湿环境或有化学侵蚀性介质的环境中的料石砌体，灰缝内的钢筋应采取防腐措施。

二、料石基础砌筑

1. 料石基础的组砌形式

料石基础砌筑形式有丁顺叠砌和丁顺组砌。丁顺叠砌是一皮顺石与一皮丁石相隔砌成，上下皮竖缝相互错开 1/2 石宽；丁顺组砌是同皮内 1～3 块顺石与一块丁石相隔砌成，丁石中距不大于 2 m，上皮丁石坐中于下皮顺石，上下皮竖缝相互错开至少 1/2 石宽，如图 3-1 所示。

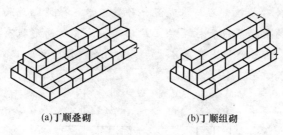

(a)丁顺叠砌　　　　　　　(b)丁顺组砌

图 3-1　料石基础砌筑形式

2. 砌筑准备

（1）放好基础的轴线和边线，测出水平标高，立好皮数杆。皮数杆间距以不大于 15 m 为宜，在料石基础的转角处和交接处均应设置皮数杆。

（2）砌筑前，应将基础垫层上的泥土、杂物等清除干净，并浇水润湿。

（3）拉线检查基础垫层表面标高是否符合设计要求。如第一皮水平灰缝厚度超过20 mm时，应用细石混凝土找平，不得用砂浆或在砂浆中掺碎砖或碎石代替。

（4）常温施工时，砌石前一天应将料石浇水润湿。

3. 砌筑要点

（1）料石基础宜用粗料石或毛料石与水泥砂浆砌筑。料石的宽度、厚度均不宜小于200 mm，长度不宜大于厚度的 4 倍。料石强度等级应不低于 M20。砂浆强度等级应不低于 M5。

（2）料石基础砌筑前，应清除基槽底杂物。在基槽底面上弹出基础中心线及两侧边线，基础两端立起皮数杆，在两皮数杆之间拉准线，依准线进行砌筑。

（3）料石基础的第一皮石块应坐浆砌筑，即先在基槽底摊铺砂浆，再将石块砌上，所有石块应丁砌，以后各皮石块应铺灰挤砌，上下错缝，搭砌紧密，上下皮石块竖缝相互错开应不少于石块宽度的 1/2。料石基础立面组砌形式宜采用一顺一丁法砌筑，即一皮顺石与一皮丁石相间。

（4）阶梯形料石基础，上阶的料石至少压砌下阶料石的 1/3，如图 3-2 所示。

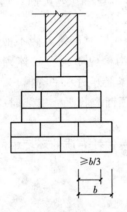

图 3-2　阶梯形料石基础

料石基础的水平灰缝厚度和竖向灰缝宽度不宜大于 20 mm。灰缝中砂浆应饱满。

料石基础宜先砌转角处或交接处，再依准线砌中间部分，临时间断处应砌成斜槎。

料石基础的构造介绍

料石基础是用毛料石或粗料石与水泥混合砂浆或水泥砂浆砌筑而成的。

料石基础有墙下的条形基础和柱下独立基础等。依其断面形状有矩形、阶梯形等，如图 3-3 所示。阶梯形基础每阶挑出宽度不大于 200 mm，每阶为一皮或二皮料石。

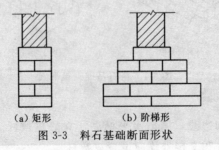

（a）矩形　　　　　（b）阶梯形

图 3-3　料石基础断面形状

三、料石墙砌筑

料石墙是用料石与水泥混合砂浆或水泥砂浆砌成的。料石用毛料石、粗料石、半细料石、细料石均可。

料石的介绍

料石，也称条石，是由人工或机械开采出的较规则的六面体石块，略经加工凿琢而成。按其加工后的外形规则程度可分为毛料石、粗料石、半细料石和细料石四种。

（1）细料石是指通过细加工，外形规则，叠砌面凹入深度不应大于 10 mm，截面的宽度、高度不应小于 200 mm，且大于或等于长度的 1/4。

（2）半细料石是指通过细加工，外形规则，叠砌面凹入深度大于或等于 15 mm，截面的宽度、高度大于或等于 200 mm，且不小于长度的 1/4。

（3）粗料石是指通过细加工，外形规则，叠砌面凹入深度大于或等于 20 mm，截面的宽度、高度不宜小于 200 mm，且长度不宜大于厚度的 4 倍。

（4）毛料石是指外形尺寸大致方正，一般不加工或仅稍加修整，截面的宽度、高度不小于 200 mm，叠砌面凹入深度小于或等于 25 mm。

1. 料石墙的组砌形式

料石墙砌筑形式有以下几种，如图 3-4 所示。

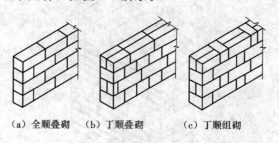

(a) 全顺叠砌　　(b) 丁顺叠砌　　　(c) 丁顺组砌

图 3-4　料石墙砌筑形式

（1）全顺叠砌。每皮均为顺砌石，上下皮竖缝相互错开 1/2 石长。此种砌筑形式适合于墙厚等于石宽。

（2）丁顺叠砌。一皮顺砌石与一皮丁砌石相隔砌成，上下皮顺石与丁石间竖缝相互错开 1/2 石宽，这种砌筑形式适合于墙厚等于石长。

（3）丁顺组砌。同皮内每 1～3 块顺石与一块丁石相间砌成，上皮丁石坐中于下皮顺石，上下皮竖缝相互错开至少 1/2 石宽，丁石中距不超过 2 m。这种砌筑形式适合于墙厚等于或大于两块料石宽度。料石还可以与毛石或砖砌成组合墙。料石与毛石的组合墙，料石在外，毛石在里；料石与砖的组合墙，料石在里，砖在外，也可料石在外，砖在里。

2. 砌筑准备

（1）基础通过验收，土方回填完毕，并办完隐检手续。

（2）在基础顶面放好墙身中线与边线及门窗洞口位置线，测出水平标高，立好皮数杆。皮数杆间距以不大于 15 m 为宜，在料石墙体的转角处和交接处均应设置皮数杆。

（3）砌筑前，应将基础顶面的泥土、杂物等清除干净，并浇水润湿。

（4）拉线检查基础顶面标高是否符合设计要求。如第一皮水平灰缝厚度超过 20 mm 时，应用细石混凝土找平，不得用砂浆或在砂浆中掺碎砖或碎石代替。

（5）常温施工时，砌石前 1 d 应将料石浇水润湿。

（6）操作用脚手架、斜道以及水平、垂直防护设施已准备妥当。

3. 砌筑要点

（1）料石砌筑前，应在基础顶面上放出墙身中线和边线及门窗洞口位置线，并抄平，立皮数杆，拉准线。

（2）料石砌筑前，必须按照组砌图将料石试排妥当后，才能开始砌筑。

（3）料石墙应双面拉线砌筑，全顺叠砌单面挂线砌筑。先砌转角处和交接处，后砌中间部分。

（4）料石墙的第一皮及每个楼层的最上一皮应丁砌。

（5）料石墙采用铺浆法砌筑。料石灰缝厚度：毛料石和粗料石墙砌体不宜大于 20 mm，细料石墙砌体不宜大于 5 mm。砂浆铺设厚度略高于规定灰缝厚度，其高出厚度：细料石为 3~5 mm；毛料石、粗料石宜为 6~8 mm。

（6）砌筑时，应先将料石里口落下，再慢慢移动就位，校正垂直与水平。在料石砌块校正到正确位置后，顺石面将挤出的砂浆清除，然后向竖缝中灌浆。

（7）在料石和砖的组合墙中，料石墙和砖墙应同时砌筑，并每隔 2~3 皮料石用丁砌石与砖墙拉结砌合，丁砌石的长度宜与组合墙厚度相等，如图 3-5 所示。

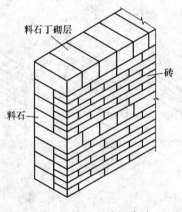

图 3-5　料石和砖组合墙

（8）料石墙宜从转角处或交接处开始砌筑，再依准线砌中间部分，临时间断处应砌成斜槎，斜槎长度应不小于斜槎高度。料石墙每日砌筑高度不宜超过 1.2 m。

4. 墙面勾缝

（1）石墙勾缝形式有平缝、凹缝、凸缝，凹缝又分为平凹缝、半圆凹缝，凸缝又分为平凸缝、半圆凸缝、三角凸缝，如图 3-6 所示。一般料石墙面多采用平缝或平凹缝。

（2）料石墙面勾缝前要先剔缝，将灰缝凹入 20~30 mm。墙面用水喷洒润湿，不整齐处应修整。

(a) 平缝　　　　(b) 半圆凹缝　　　　(c) 平凹缝

图　3-6

(d) 平凸缝   (e) 半圆凸缝   (f) 三角凸缝

图 3-6 石墙勾缝形式

（3）料石墙面勾缝应采用加浆勾缝，并宜采用细砂拌制 1∶1.5 水泥砂浆，也可采用水泥石灰砂浆或掺入麻刀（纸筋）的青灰浆。有防渗要求的，可用防水胶泥材料进行勾缝。

（4）勾平缝时，用小抿子在托灰板上刮灰，塞进石缝中严密压实，表面压光。勾缝应顺石缝进行，缝与石面齐平，勾完一段后，用小抿子将缝边毛槎修理整齐。

灰板的介绍

　　灰板又叫托灰板，在勾缝时用其承托砂浆。灰板用不易变形的木材制成，如图 3-7 所示。

图 3-7 灰板

（5）勾平凸缝（半圆凸缝或三角凸缝）时，先用 1∶2 水泥砂浆抹平，待砂浆凝固后，再抹一层砂浆，用小抿子压实、压光，稍停等砂浆收水后，用专用工具捋成 10～25 mm 宽窄一致的凸缝。

抿子的介绍

　　抿子用于石墙抹缝、勾缝，多用 0.8～1 mm 厚钢板制成，并装上木柄，如图 3-8 所示。

图 3-8 抿子

（6）石墙面勾缝按下列程序进行。

1）拆除墙面或柱面上临时装设的电缆、挂钩等物。

2）清除墙面或柱面上黏结的砂浆、泥浆、杂物和污渍等。

3）剔缝，即将灰缝刮深 20～30 mm，不整齐处加以修整。

4）用水喷洒墙面或柱面使其润湿，随后进行勾缝。

（7）料石墙面勾缝应从上向下、从一端向另一端依次进行。

（8）料石墙面勾缝缝路顺石缝进行，且均匀一致，深浅、厚度相同，搭接平整通顺。阳角勾缝两角方正，阴角勾缝不能上下直通。严禁出现丢缝、开裂或黏结不牢等现象。

（9）勾缝完毕，清扫墙面或柱面，表面洒水养护，防止干裂和脱落。

四、料石柱砌筑

（1）料石柱砌筑前，应在柱座面上弹出柱身边线，并在柱座侧面弹出柱身中心线。

（2）整石柱所用石块其四侧应弹出石块中心线。

（3）砌整石柱时，应将石块的叠砌面清理干净。先在柱座面上抹一层水泥砂浆，厚约10 mm，再将石块对准中心线砌上，以后各皮石块砌筑应先铺好砂浆，对准中心线，将石块砌上。石块如有竖向偏斜，可用铜片或铝片在灰缝边缘内垫平。

（4）砌筑料石柱时，应按规定的组砌形式逐皮砌筑，上下皮竖缝相互错开，无通天缝，不得使用垫片。

（5）灰缝要横平竖直。灰缝厚度：细料石柱不宜大于 5 mm；半细料石柱不宜大于10 mm。砂浆铺设厚度应略高于规定灰缝厚度，其高出厚度为 3～5 mm。

（6）砌筑料石柱，应随时用线坠检查整个柱身的垂直度，如有偏斜应拆除重砌，不得用敲击方法去纠正。

（7）料石柱每天砌筑高度不宜超过 1.2 m。砌筑完后应立即加以围护，严禁碰撞。

料石柱构造的介绍

料石柱是用半细料石或细料石与水泥混合砂浆或水泥砂浆砌成的。

料石柱有整石柱和组砌柱两种。整石柱每一皮料石是整块的，即料石的叠砌面与柱断面相同，只有水平灰缝，无竖向灰缝。柱的断面形状多为方形、矩形或圆形。组砌柱每皮由几块料石组砌，上下皮竖缝相互错开，柱的断面形状有方形、矩形、T 形或十字形，如图 3-9 所示。

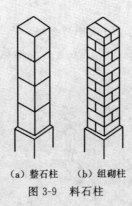

（a）整石柱　（b）组砌柱

图 3-9　料石柱

五、石过梁砌筑

石过梁有平砌式过梁、平拱和圆拱三种。

平砌式过梁用料石制作，过梁厚度应为 200～450 mm，宽度与墙厚相等，长度不超过1.7 m，其底面应加工平整。当砌到洞口顶时，即将过梁砌上，过梁两端各伸入墙内长度应不小于 250 mm。过梁上续砌石墙时，其正中石块长度不应小于过梁净跨度的 1/3，其两旁应砌上不小于过梁净跨 2/3 的料石，如图 3-10 所示。

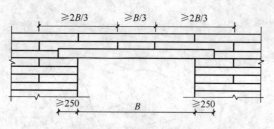

图 3-10　平砌式石过梁

　　石平拱所用料石应按设计要求加工，如无设计规定时，则应加工成楔形（上宽下窄）。平拱的拱脚处坡度以 60°为宜，拱脚高度为二皮料石高。平拱的石块应为单数，石块厚度与墙厚相等，石块高度为二皮料石高。砌筑平拱时，应先在洞口顶支设模板。从两边拱脚处开始，对称地向中间砌筑，正中一块锁石要挤紧。所用砂浆的强度等级应不低于 M10，灰缝厚度为 5 mm，如图 3-11 所示。砂浆强度达到设计强度 70％时拆模。

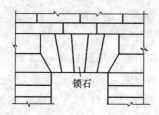

图 3-11　石平拱

　　石圆拱所用料石应进行细加工，使其接触面吻合严密，形状及尺寸均应符合设计要求。砌筑时应先在洞口顶部支设模板，由拱脚处开始对称地向中间砌筑，正中一块拱冠石要对中挤紧，如图 3-12 所示。所用砂浆的强度等级应不低于 M10，灰缝厚度为 5 mm。砂浆强度达到设计强度 70％时方可拆模。

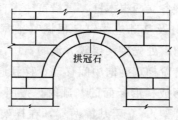

图 3-12　石圆拱

第二节　毛石砌体砌筑

一、毛石基础

毛石基础是用乱毛石或平毛石与水泥混合砂浆或水泥砂浆砌成的。

> **毛石的介绍**
>
> 毛石分为乱毛石和平毛石两种。
>
> 乱毛石是指形状不规则的石块；平毛石是指形状不规则，但有两个子面大致平行的石块。

毛石应呈块状，其中部厚度不宜小于 150 mm，如图 3-13 所示。

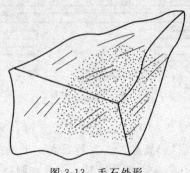

图 3-13　毛石外形

毛石的强度等级分为 MU100、MU80、MU60、MU50、MU40、MU30 和 MU20。其强度等级是以 70 mm 边长的立方体试块的抗压强度表示的（取三块试块的平均值）。

（1）毛石。其品种、规格、颜色必须符合设计要求和有关施工规范的规定，应有出厂合格证和抽样检测报告。

（2）砂。宜用粗、中砂，用 5 mm 孔径筛过筛；配置小于 M5 的砂浆，砂的含泥量不得超过 10%；配置等于或大于 M5 的砂浆，砂的含泥量不得超过 5%，不得含有草根等杂物。

（3）水泥。一般采用 32.5 级或 42.5 级普通硅酸盐水泥或矿渣硅酸盐水泥，有出厂证明和复试单。如出厂日期超过 3 个月，应按复验结果使用。

（4）水。应用自来水或不含有害物质的洁净水。

（5）其他材料。拉结筋、预埋件应做防腐处理；石灰膏的熟化时间不得少于 7 d。

毛石基础可作墙下条形基础或柱下独立基础。

1. 立线杆和拉准线

在基槽两端的转角处，每端各立两根木杆，再横钉一木杆连接，在立杆上标出各放大脚的标高。在横杆上钉上中心线钉及基础边线钉，根据基础宽度拉好立线，如图 3-14 所示。然后在边线和阴阳角（内、外角）处先砌两层较方整的石块，以此固定准线。砌阶梯形毛石基础时，应将横杆上的立线按各阶梯宽度向中间移动，移到退台所需要的宽度，再拉水平准线。还有一种拉线方法是砌矩形或梯形断面的基础时，按照设计尺寸用 50 mm×50 mm 的小木条钉成基础断面形状（称样架），立于基槽两端，在样架上注明标高，两端样架相应标高用准线连接作为砌筑的依据，如图 3-15 所示。立线控制基础宽窄，水平线控制每层高度及平整。砌筑时应采用双面挂线，每次起线高度，大放脚以上 800 mm 为宜。

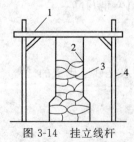

图 3-14　挂立线杆

1—横杆；2—准线；3—立线；4—立杆

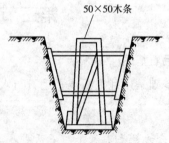

图 3-15　断面样架

2. 砌筑要点

（1）砌筑第一皮毛石时，应选用有较大平面的石块，先在基坑底铺设砂浆，再将毛石砌上，并使毛石的大面向下。

（2）砌筑第一皮毛石时，应分皮卧砌，并应上下错缝，内外搭砌，不得采用先砌外面石块后中间填心的砌筑方法。石块间较大的空隙应先填塞砂浆，后用碎石嵌实，不得采用先摆碎石后塞砂浆或干填碎石的方法。

（3）砌筑第二皮及以上各皮时，应采用坐浆法分层卧砌，砌石时首先铺好砂浆，砂浆不必铺满，可随砌随铺，在角石和面石处，坐浆略厚些，石块砌上去将砂浆挤压成要求的灰缝厚度。

（4）砌石时搬取石块应根据空隙大小、槎口形状选用合适的石料先试砌试摆一下，尽量使缝隙减少，接触紧密。但石块之间不能直接接触形成干研缝，同时也应避免石块之间形成空隙。

（5）砌石时，大、中、小毛石应搭配使用，以免将大块都砌在一侧，而另一侧全用小块，造成两侧不均匀，使墙面不平衡而倾斜。

（6）砌石时，先砌里外两面，长短搭砌，后填砌中间部分，但不允许将石块侧立砌成立斗石，也不允许先把里外皮砌成长向两行（牛槽状）。

（7）毛石基础每 0.7 m² 且每皮毛石内间距不大于 2 m 设置一块拉结石，上下两皮拉结石的位置应错开，立面砌成梅花形。拉结石宽度：如基础宽度等于或小于 400 mm，拉结石宽度应与基础宽度相等；如基础宽度大于 400 mm，可用两块拉结石内外搭接，搭接长度不应小于 150 mm，且其中一块长度不应小于基础宽度的 2/3。

（8）阶梯形毛石基础，上阶的石块应至少压砌下阶石块的 1/2，如图 3-16 所示；相邻阶梯毛石应相互错缝搭接。

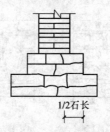

1/2石长

图 3-16 阶梯形毛石基础砌法

（9）毛石基础最上一皮，宜选用较大的平毛石砌筑。转角处、交接处和洞口处应选用较大的平毛石砌筑。

（10）有高低台的毛石基础，应从低处砌起，并由高台向低台搭接，搭接长度不小于基础高度。

（11）毛石基础转角处和交接处应同时砌起，如不能同时砌起又必须留槎时，应留成斜槎，斜槎长度应不小于斜槎高度，斜槎面上毛石不应找平，继续砌时应将斜槎面清理干净，浇水润湿。

毛石基础构造介绍

毛石基础按其断面形状有矩形、梯形和阶梯形等。基础顶面宽度应比墙基底面宽度大 200 mm；基础底面宽度依设计计算而定。梯形基础坡角应大于 60°。阶梯形基础每阶高不小于 300 mm，每阶挑出宽度小于或等于 200 mm，如图 3-17 所示。

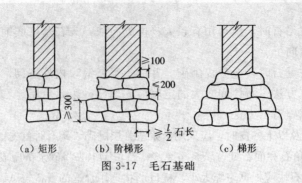

（a）矩形　　　（b）阶梯形　　　（c）梯形

图 3-17　毛石基础

二、毛石墙砌筑

1. 砌筑准备

砌筑毛石墙应根据基础的中心线放出墙身里外边线，挂线分皮卧砌，每皮高约 250～350 mm。砌筑方法应采用铺浆法。用较大的平毛石，先砌转角处、交接处和门洞处，再向中间砌筑。砌前应先试摆，使石料大小搭配，大面平放，外露表面要平齐，斜口朝内，逐块卧砌坐浆，使砂浆饱满。石块之间较大的空隙应先填塞砂浆，后用碎石嵌实。灰缝宽度一般控制在 20～30 mm 以内，铺灰厚度 40～50 mm。

2. 砌筑要点

（1）砌筑时，石块上下皮应互相错缝，内外交错搭砌，避免出现重缝、空缝和孔洞，同时应注意合理摆放石块，不应出现如图 3-18 所示的砌石类型，以免砌体承重后发生错位、劈裂、外鼓等现象。

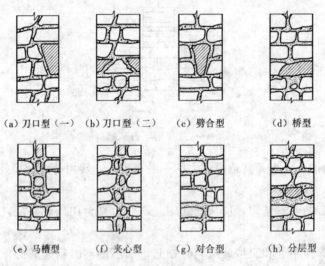

（a）刀口型（一）　（b）刀口型（二）　（c）劈合型　　　（d）桥型

（e）马槽型　　　（f）夹心型　　　（g）对合型　　　（h）分层型

图 3-18　错误的砌石类型

（2）上下皮毛石应相互错缝，内外搭砌，石块之间较大的空隙应先填塞砂浆，后用碎石嵌实。严禁先填塞小石块后灌浆的做法。墙体中间不得有铁锹口石（尖石倾斜向外的石块）、斧刃石和过桥石（仅在两端搭砌的石块），如图 3-19 所示。

（3）毛石墙必须设置拉结石，拉结石应均匀分布，相互错开，一般每 0.7 m² 墙面至少设一块，且同皮内的中距不大于 2 m。墙厚等于或小于 400 mm 时，拉结石长度等于墙厚；墙厚大于 400 mm 时，可用两块拉结石内外搭砌，搭接长度不小于 150 mm，且其中一块长度不小于墙厚的 2/3。

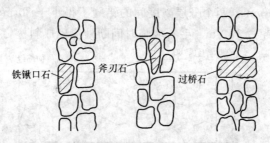

图 3-19　铁锹口石、斧刃石、过桥石示意图

（4）在毛石与实心砖的组合墙中，毛石墙与砖墙应同时砌筑，并每隔 4～6 皮砖用 2～3 皮砖与毛石墙拉结砌合，两种墙体间的空隙应用砂浆填满，如图 3-20 所示。

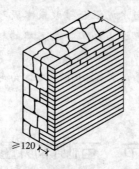

图 3-20　毛石与砖组合墙

（5）毛石墙与砖墙相接的转角处和交接处应同时砌筑。在转角处，应自纵墙（或横墙）每隔 4～6 皮砖高度引出不小于 120 mm 的阳槎与横墙相接，如图 3-21 所示。在丁字交接处，应自纵墙每墙 4～6 皮砖高度引出不小于 120 mm 与横墙相接，如图 3-22 所示。

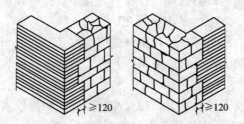

图 3-21　转角处毛石墙与砖墙相接

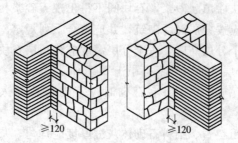

图 3-22　丁字交接处毛石墙与砖墙相接

（6）砌毛石挡土墙，每砌 3～4 皮为一个分层高度，每个分层高度应找平一次。外露面的灰缝厚度不得大于 40 mm，两个分层高度间的错缝不得小于 80 mm，如图 3-23 所示。毛石墙每日砌筑高度不应超过 1.2 m。毛石墙临时间断处应砌成斜槎。

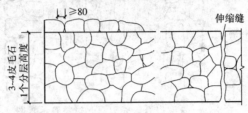

图 3-23　毛石挡土墙

毛石墙的介绍

毛石墙是用平毛石或乱毛石与水泥混合砂浆或水泥砂浆砌成的，墙面灰缝不规则，外观要求整齐的墙面，其外皮石材可适当加工。毛石墙的转角可用料石或平毛石砌筑。毛石墙的厚度应不小于 350 mm。

毛石可以与普通砖组合砌，墙的外侧为砖，里侧为毛石。毛石亦可与料石组合砌，墙的外侧为料石，里侧为毛石。

第三节　石砌体质量标准

一、一般规定

（1）石砌体适用于毛石、毛料石、粗料石、细料石等砌体工程。

（2）石砌体采用的石材应质地坚实，无裂纹和无明显风化剥落；用于清水墙、柱表面的石材，尚应色泽均匀；石材的放射性应经检验，其安全性应符合现行国家标准《建筑材料放射性核素限量》（GB 6566—2010）的有关规定。

（3）石材表面的泥垢、水锈等杂质，砌筑前应清除于净。

（4）砌筑毛石基础的第一皮石块应坐浆，并将大面向下；砌筑料石基础的第一皮石块应用丁砌层坐浆砌筑。

（5）毛石砌体的第一皮及转角处、交接处和洞口处，应用较大的平毛石砌筑。每个楼层（包括基础）砌体的最上一皮，宜选用较大的毛石砌筑。

（6）毛石砌筑时，对石块间存在的较大的缝隙，应先向缝内填灌砂浆并捣实，然后用小石块嵌填，不得先填小石块后填灌砂浆，石块间不得出现无砂浆相互接触现象。

（7）砌筑毛石挡土墙应按分层高度砌筑，并应符合下列规定。

1）每砌 3～4 皮为一个分层高度，每个分层高度应将顶层石块砌平。

2）两个分层高度间分层处的错缝不得小于 80 mm。

（8）料石挡土墙，当中间部分用毛石砌时，丁砌料石伸入毛石部分的长度不应小于 200 mm。

（9）毛石、毛料石、粗料石、细料石砌体灰缝厚度应均匀，灰缝厚度应符合下列规定。

1）毛石砌体外露面的灰缝厚度不宜大于 40 mm。

2）毛料石和粗料石的灰缝厚度不宜大于 20 mm。

3) 细料石的灰缝厚度不宜大于 5 mm。

(10) 挡土墙的泄水孔当设计无规定时，施工应符合下列规定。

1) 泄水孔应均匀设置，在每米高度上间隔 2 m 左右设置一个泄水孔。

2) 泄水孔与土体间铺设长宽各为 300 mm、厚 200 mm 的卵石或碎石作疏水层。

(11) 挡土墙内侧回填土必须分层夯填，分层松土厚宜为 300 mm。墙顶土面应有适当坡度使流水流向挡土墙外侧面。

(12) 在毛石和实心砖的组合墙中，毛石砌体与砖砌体应同时砌筑，并每隔 4～6 皮砖用 2～3 皮丁砖与毛石砌体拉结砌合；两种砌体间的空隙应填实砂浆。

(13) 毛石墙和砖墙相接的转角处和交接处应同时砌筑。转角处、交接处应自纵墙（或横墙）每隔 4～6 皮砖高度引出不小于 120 mm 与横墙（或纵墙）相接。

二、主控项目

(1) 石材及砂浆强度等级必须符合设计要求。

抽检数量：同一产地的同类石材抽检不应小于一组。砂浆试块的抽检数量执行《砌体结构工程施工质量验收规范》（GB 50203—2011）的有关规定。

检验方法：料石检查产品质量证明书，石材、砂浆检查试块试验报告。

(2) 砌体灰缝的砂浆饱满度不应小于 80%。

抽检数量：每检验批抽查不应少于 5 处。

检验方法：观察检查。

三、一般项目

(1) 石砌体尺寸、位置的允许偏差及检验方法见表 3-1。

表 3-1　石砌体尺寸、位置的允许偏差及检验方法

序号	项目		允许偏差（mm）							检验方法
			毛石砌体		料石砌体					
					毛料石		粗料石		细料石	
			基础	墙	基础	墙	基础	墙	墙、柱	
1	轴线位置		20	15	20	15	15	10	10	用经纬仪和尺检查，或用其他测量仪器检查
2	基础和墙砌体顶面标高		±25	±15	±25	±15	±15	±15	±10	用水准仪和尺检查
3	砌体厚度		+30	+20 −10	+30	+20 −10	+15	+10 −5	+10 −5	用尺检查
4	墙面垂直度	每层	—	20	—	20	—	—	10	7
		全高	—	30	—	30	—	—	25	10

序号	项目		允许偏差（mm）						检验方法
			毛石砌体		料石砌体				
					毛料石		粗料石	细料石	
			基础	墙	基础	墙	基础	墙	墙、柱	
5	表面平整度	清水墙、柱	—	—	—	20	—	10	5	细料石用 2 m 靠尺和楔形塞尺检查，其他用两直尺垂直于灰缝拉 2 m 线和尺检查
		混水墙、柱	—	—	—	30	—	15	—	
6	清水墙水平灰缝平直度		—	—	—	—	—	10	5	拉 10 m 线和尺检查

抽检数量：每检验批抽查不应少于 5 处。

（2）石砌体的组砌形式应符合下列规定。

1）内外搭砌，上下错缝，拉结石、丁砌石交错设置。

2）毛石墙拉结石每 0.7 m² 墙面不应少于 1 块。

检查数量：每检验批抽查不应少于 5 处。

检验方法：观察检查。

第四章　配筋砌体构件施工

第一节　网状配筋砖砌体构件

一、构件配筋方式

网状配筋轴心受压构件，从加荷至破坏与无筋砌体轴心受压构件类似，可分为三个阶段。

第一阶段，从开始加荷至第一条（批）单砖出现裂缝为受力的第一阶段。试件在轴向压力作用下，纵向发生压缩变形的同时，横向发生拉伸变形，网状钢筋受拉。由于钢筋的弹性模量远大于砌体的弹性模量，故能约束砌体的横向变形，同时网状钢筋的存在，改善了单砖在砌体中的受力状态，从而推迟了第一条（批）单砖裂缝的出现。

第二阶段，随着荷载的增大，裂缝数量增多，但由于网状钢筋的约束作用，裂缝发展缓慢，并且不沿试件纵向形成贯通连续裂缝。此阶段的受力特点与无筋砌体有明显的不同。

第三阶段，当荷载加至极限荷载时，在网状钢筋之间的砌体中，裂缝多而细，个别砖被压碎而脱落，宣告试件破坏。

网状配筋砖砌体在继续加荷载的过程中，裂缝发展很缓慢且裂缝多而细，很少出现贯通的裂缝。当接近极限荷载时，不像无筋砌体那样分裂成若干小立柱，而是个别砖被压碎脱落。

网状配筋砖砌体构件的构造要求应符合下列规定：

（1）网状配筋砖砌体中的体积配筋率不应小于 0.1%，并不应大于 1%。

（2）采用钢筋网时，钢筋的直径宜采用 3~4 mm；当采用连弯钢筋网时，钢筋的直径不应大于 8 mm。

（3）钢筋网中钢筋的间距不应大于 120 mm，并不应小于 30 mm。

（4）钢筋网的间距不应大于五皮砖，并不应大于 400 mm。

（5）网状配筋砖砌体所用的砂浆强度等级不应低于 M7.5；钢筋网应设置在砌体的水平灰缝中，灰缝厚度应保证钢筋上下至少各有 2 mm 厚的砂浆层。

网状配筋砖砌体构件的特点介绍

网状配筋砌体主要通过灰缝内钢筋网的摩擦力和黏结力，与砌体共同工作，使砖砌体的横向变形得到约束，而间接地提高砌体的抗压强度。但网状配筋却不能提高砌体的横向抗弯能力。对网状配筋砖墙，其网状配筋尚可提高墙体的抗剪能力及抗裂能力，同时具有以下优点：

（1）砌体中配置横向钢筋能约束砂浆和砖的横向变形，延缓砖块的开裂及其裂缝的发展，提高了砌体的初裂荷载，阻止竖向裂缝的上下贯通，从而可避免砖砌体被分裂或若干小柱导致的失稳破坏。

（2）网片间的小段无筋砌体在一定程度上处于三向受力状态，因而能较大程度提高承载力，且可使砖的抗压强度得到充分的发挥。

（3）网状配筋对提高轴心和小偏心受压能力效果较好。

二、网状配筋砖砌体施工

钢筋网应按设计规定制作成型。

砖砌体部分用常规方法砌筑。在配置钢筋网的水平灰缝中，应先铺一半厚的砂浆层，放入钢筋网后再铺一半厚砂浆层，使钢筋网居于砂浆层厚度中间。钢筋网四周应有砂浆保护层。

配置钢筋网的水平灰缝厚度：当用方格网时，水平灰缝厚度为 2 倍钢筋直径加 4 mm；当用连弯网时，水平灰缝厚度为钢筋直径加 4 mm。确保钢筋上下各有 2 mm 厚的砂浆保护层。

网状配筋砖砌体外表面宜用 1∶1 的水泥砂浆勾缝或进行抹灰。

第二节　组合砖砌体的构件要求

组合砖砌体的构件要求如下：

（1）面层混凝土强度等级宜采用 C20。面层水泥砂浆不宜低于 M10。砌筑砂浆不宜低于 M7.5。

（2）受力筋保护层厚度不应小于表 4-1 的规定。受力钢筋距砖砌体表面的距离，也不应小于 5 mm。

表 4-1　保护层厚度　　　　　　　　　　　（单位：mm）

序　号	构件类别	环境条件	
		室内正常环境	露天或室内潮湿环境
1	墙	15	25
2	柱	25	35

注：当面层为水泥砂浆时，对于柱，保护层厚度可减少 5 mm。

（3）采用砂浆面层的组合砖砌体，砂浆面层的厚度可采用 30～45 mm。当面层厚度大于 45 mm 时，宜采用混凝土。

组合砖砌体的介绍

在砖砌体内部配置钢筋混凝土（或钢筋砂浆）部件组合而成的砌体称为组合砖砌体。组合砖砌体构件分为两类：一类是砖砌体和钢筋混凝土面层或钢筋砂浆面层的组合砖砌体构件，称为组合砌体构件；另一类是砖砌体和钢筋混凝土构造柱的组合墙，简称组合墙。

在砖砌体内配置纵向钢筋或设置部分钢筋混凝土或钢筋砂浆以共同工作都是组合砖砌体。它不但能显著提高砌体的抗弯能力和延性，而且也能提高其抗压能力，具有和钢筋混凝土相近的性能。《砌体结构设计规范》（GB 50003—2011）规定，当轴向力偏心矩 e 超过 $0.6y$（y 为截面重心到轴向力所在偏心方向截面边缘的距离）时宜采用组合砖砌体构件。直接将钢筋砌在砌体的竖向灰缝内的组合砌体又称纵配筋砌体，如图 4-1（a）所示，也可以在砌体内部灌注钢筋混凝土，如图 4-1（b）所示，还可以将钢筋混凝土或钢筋砂浆置于砌体截面的外侧，如图 4-1（c）、（d）所示。前面两种砌体，钢筋虽可得到较好的保护，但施工相当困难，尤其是内芯混凝土的质量难以检查，受力性能也较差，不能充分发挥钢筋与砌体的共同作用，现已较少应用。

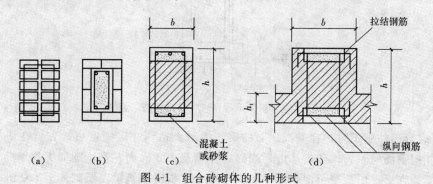

图 4-1　组合砖砌体的几种形式

（4）竖向受力钢筋宜采用 HPB235 级钢筋，对于混凝土面层，亦可采用 HRB335 级钢筋。受压钢筋的配筋率，一侧不宜小于 0.1%（砂浆面层）或 0.2%（混凝土面层）。受拉钢筋配筋率不应小于 0.1%。竖向受力钢筋直径不应小于 8 mm，钢筋的净间距不应小于 30 mm。

（5）箍筋的直径不宜小于 4 mm 及 0.2 倍的受压钢筋直径，也不宜大于 6 mm。箍筋间距不应大于 20 倍受压钢筋的直径及 500 mm，也不应小于 120 mm。

（6）当组合砖砌体构件一侧的受力钢筋多于 4 根时，应设置附加箍筋或拉结钢筋。对截面长短边相差较大的构件（如墙体等），应采用穿通墙体的拉结钢筋作为箍筋，同时设置水平分布钢筋。水平分布钢筋的竖向间距及拉结钢筋的水平间距均不应大于 500 mm，如图 4-2 所示。

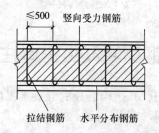

图 4-2　组合砖砌体构件的配筋

（7）组合砖砌体构件的顶部及底部，以及牛腿部位，必须设置钢筋混凝土垫块。受力筋伸入垫块的长度，必须满足锚固要求，即不应小于 30 倍钢筋直径。

（8）组合砌体可采用毛石基础或砖基础。在组合砌体与毛石（砖）基础之间须做一现浇钢筋混凝土垫块，如图 4-3 所示，垫块厚度一般为 200～400 mm，纵向钢筋伸入垫块的锚固长度不应小于 30d（d 为纵筋直径）。

（9）纵向钢筋的搭接长度、搭接处的箍筋间距等，应符合现行《混凝土结构设计规范》（GB 50010—2010）的要求。

（10）采用组合砖柱时，一般砖墙与柱应同时砌筑，所以外墙可考虑兼作柱间支撑。在排架分析中，排架柱按矩形截面计算。柱内一般采用对称配筋，箍筋一般采用两支箍或四支箍。砖墙基础一般为自承重条形基础，根据地基情况，可在基础顶及墙内适当位置设置钢筋混凝土圈梁。

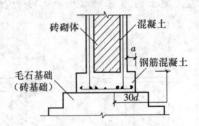

图 4-3　组合砌体毛石（砖）基础构造示意图

　　（11）组合砖柱施工时，在基础顶面的钢筋混凝土达到一定强度后，方可在垫块上砌筑砖砌体，并把箍筋同时砌入砖砌体内，当砖砌体砌至 1.2 m 高左右，随即绑扎钢筋，浇筑混凝土并捣实。在第一层混凝土浇捣完毕后，再按上述步骤砌筑第二层砌体至 1.2 m 高，再绑扎钢筋，浇捣混凝土。依此循环，直至需要的高度。此外，也可将砖砌体一次砌至需要的高度，然后绑扎钢筋，分段浇灌混凝土。柱的外侧采用活动升降模板，模板用四个螺栓固定，如图 4-4 所示。

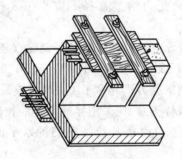

图 4-4　组合砖柱的施工

第三节　砖砌体和钢筋混凝土构造柱组合墙的构造要求

　　（1）砂浆的强度等级不应低于 M5，构造柱的混凝土强度等级不宜低于 C20。

　　（2）构造柱的截面尺寸不宜小于 240 mm×240 mm，其厚度不应小于墙厚，边柱、角柱的截面宽度宜适当加大。柱内竖向受力钢筋，对于中柱，不宜少于 $4\phi12$；对于边柱、角柱，不宜少于 $4\phi14$。构造柱的竖向受力钢筋的直径也不宜大于 16 mm。其箍筋，一般部位宜采用 $\phi6@200$，楼层上下 500 mm 范围内宜采用 $\phi6@100$。构造柱的竖向受力钢筋应在基础梁和楼层圈梁中锚固，并应符合受拉钢筋的锚固要求。

　　（3）组合砖墙砌体结构房屋，应在纵横墙相接处、墙端部和较大洞口的洞边设置构造柱，其间距不宜大于 4 m。各层洞口宜设置在相应位置，并宜上下对齐。

　　（4）组合砖墙砌体结构房屋应在基础顶面、有组合墙的楼层处设置现浇钢筋混凝土圈梁。圈梁的截面高度不宜小于 240 mm；纵向钢筋不宜小于 $4\phi12$，纵向钢筋应伸入构造柱内，并应符合受拉钢筋的锚固要求；圈梁的箍筋宜采用 $\phi6@200$。

　　（5）砖砌体与构造柱的连接处应砌成马牙槎，并应沿墙高每隔 500 mm 设 $2\phi6$ 拉结钢筋，且每边伸入墙内不宜小于 600 mm。

砖砌体和钢筋混凝土构造柱组合墙的特点介绍

砖混结构墙体设计中，当砖砌体墙的竖向受力承载力不满足设计要求而墙体厚度又受到限制时，可在墙体中设置一定数量的钢筋混凝土构造柱，形成砖砌体和钢筋混凝土构造柱组合墙，其主要具有以下特点：

（1）组合墙在竖向荷载作用下，由于混凝土柱、砌体的刚度不同和内力重分布的结果，混凝土柱分担墙体上的荷载。由于混凝土柱、圈梁形成的"弱框架"的约束作用，使砌体处于双向受压状态，减少了砌体的横向变形，因此显著地提高了砌体的受压承载力和受压稳定性。

（2）边柱和中柱的受力性能不一样。边柱由于约束墙体的横向变形而成为偏心受压状态；中柱成为两侧应力对称的轴心压力柱，处于双向受压应力状态。

（3）构造柱的间距是影响组合墙承载力的最显著的因素。对中间柱，它对每边的影响长度为 1.2 m，对边柱的影响长度为 1 m。构造柱间距为 2 m 左右时，柱的作用得到充分发挥。构造柱间距大于 4 m 时，其对墙体受压承载力的影响很小。但是当构造柱间距≤4 m 时，组合墙受压承载力的计算公式又与组合砖砌体受压构件相衔接。

（4）由于构造柱的截面面积远小于墙体的水平截面面积，且纵向钢筋的配筋率也很小，当柱间距为 1～4 m 时，墙厚 240 mm，配筋率均小于 0.2%。因此这种墙体的纵向弯曲的影响可按无筋墙体考虑。

（5）由于组合墙是强约束砌体，有门窗洞口时，洞口的大小、形状及位置均对其相应部位的共同作用有一定程度的影响。为此规定当洞口较大，如大于 2 m 时，应在洞边设置构造柱。

第四节　配筋砌块砌体构件

配筋砌块砌体施工前，应按设计要求，将所配置钢筋加工成型，堆置于配筋部位的近旁。砌块的砌筑应与钢筋设置互相配合。砌块的砌筑应采用专用的小砌块砌筑砂浆和专用的小砌块灌孔混凝土。

配筋砌块梁构造要求介绍

配筋砌块梁由不同块形组成或由部分砌块和部分混凝土组成，其截面一般为矩形，梁宽 b 为块厚，梁高宜为块高的倍数，对 90 mm 宽梁梁高不应小于 200 mm，对 190 mm 宽梁梁高不宜小于 400 mm。其箍筋形式如图 4-5 所示。图 4-6 所示给出了常用配筋砌块柱的形式。

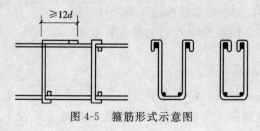

图 4-5　箍筋形式示意图

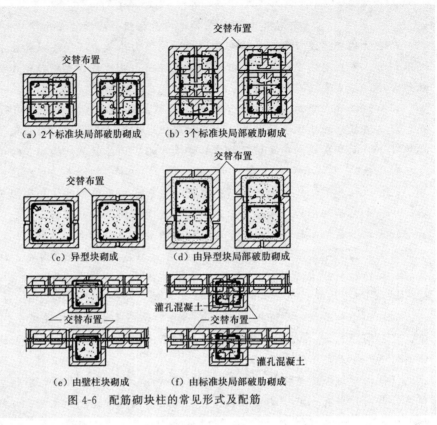

图 4-6　配筋砌块柱的常见形式及配筋

钢筋的设置应注意以下几点：

1. 钢筋的接头

钢筋直径大于 22 mm 时宜采用机械连接接头，其他直径的钢筋可采用搭接接头，并应符合下列要求：

（1）钢筋的接头位置宜设置在受力较小处。

（2）受拉钢筋的搭接接头长度不应小于 $1.1l_a$，受压钢筋的搭接接头长度不应小于 $0.7l_a$（l_a 为钢筋锚固长度），但不应小于 300 mm。

（3）当相邻接头钢筋的间距不大于 75 mm 时，其搭接长度应为 $1.2l_a$，当钢筋间的接头错开 $20d$ 时（d 为钢筋直径），搭接长度可不增加。

2. 水平受力钢筋（网片）的锚固和搭接长度

（1）在凹槽砌块混凝土带中，钢筋的锚固长度不宜小于 $30d$，且其水平或垂直弯折段的长度不宜小于 $15d$ 和 200 mm，钢筋的搭接长度不宜小于 $35d$。

（2）在砌体水平灰缝中，钢筋的锚固长度不宜小于 $50d$，且其水平或垂直弯折段的长度不宜小于 $20d$ 和 150 mm，钢筋的搭接长度不宜小于 $55d$。

（3）在隔皮或错缝搭接的灰缝中钢筋的搭接长度为 $50d+2h$（d 为灰缝受力钢筋直径，h 为水平灰缝的间距）。

3. 钢筋的最小保护层厚度

（1）灰缝中钢筋外露砂浆保护层不宜小于 15 mm。

（2）位于砌块孔槽中的钢筋保护层，在室内正常环境下不宜小于 20 mm，在室外或潮湿环境中不宜小于 30 mm。

（3）对安全等级为一级或设计使用年限大于 50 年的配筋砌体，钢筋保护层厚度应比上述规定至少增加 5 mm。

配筋砌体的介绍

为了提高砌体的强度或当构件截面尺寸受到限制时，可在砌体内配置适量的钢筋，这就是配筋砌体。

利用普通混凝土小型空心砌块的竖向孔洞配以竖向和水平钢筋，浇灌混凝土形成配筋砌块剪力墙，建造中、高层房屋，这是配筋砌体的又一种形式，现已纳入《砌体规范》。目前国内采用的配筋砌体主要有三种：横向配筋砖砌体、组合砖砌体和配筋混凝土砌块砌体。

（1）横向配筋砖砌体是指在砖砌体的水平灰缝内配置钢筋网片或水平钢筋的砌体。这种构件在轴向压力作用下，构件的横向变形受到约束，因而提高了构件的抗压承载力，同时也提高了构件的变形能力。在砖墙中配置水平钢筋，还可以提高墙体的抗剪承载力。

（2）组合砖砌体是在砌体外侧预留的竖向凹槽内配置纵向钢筋，浇灌混凝土而制成组合砖砌体，可分为外包式组合砖砌体和内嵌式组合砖砌体两种。

外包式组合砖砌体是在砖砌体墙或柱外侧配置一定厚度的钢筋混凝土面层或钢筋砂浆面层，以提高砌体的抗压、抗弯和抗剪能力。

内嵌式组合砖砌体常用的形式是砖砌体和钢筋混凝土构造柱组合墙。这种墙体施工必须先砌墙，后浇筑钢筋混凝土构造柱。砌体与构造柱连接面应按构造要求砌成马牙槎，以保证二者的共同工作性能。

组合砖砌体具有以下的构造要求：砖的强度等级不宜低于 MU10，砌筑砂浆的强度等级不得低于 M5；面层混凝土强度等级一般采用 C15 或 C20；面层水泥砂浆强度等级不得低于 M7.5；砂浆面层厚度可采用 30～45 mm；当面层厚度大于 45 mm 时，其面层宜采用混凝土；受力钢筋直径不应小于 8 mm，钢筋净间距不应小于 30 mm。

（3）配筋混凝土砌块砌体是在混凝土小型空心砌块砌体的水平灰缝配置水平钢筋和在孔洞内配置竖向钢筋并用灌孔混凝土灌实的一种砌体。这种砌体采用混凝土小型空心砌块砌筑砂浆砌筑，在砌体的水平灰缝或凹槽砌块内放置水平钢筋，在其竖向孔洞内插入竖向钢筋，最后在设置钢筋处采用混凝土小型空心砌块灌孔混凝土灌实。配筋混凝土砌块砌体具有良好的静力和抗震性能，是多层和高层砌体结构的重要承重材料。

4. 钢筋的弯钩

钢筋骨架中的受力光面钢筋，应在钢筋末端做弯钩（弯钩应为 180°），在焊接骨架、焊接网以及受压构件中，可不做弯钩；绑扎骨架中的受力变形钢筋，在钢筋的末端可不做弯钩。

5. 钢筋的间距

（1）两平行钢筋间的净距不应小于 25 mm。

（2）柱和壁柱中竖向钢筋间的净距不宜小于 40 mm（包括接头处钢筋间的净距）。

钢筋构造要求介绍

（1）钢筋的规格应符合下列规定：

1）钢筋的直径不宜大于 25 mm，当设置在灰缝中时不应小于 4 mm。

2）配置在孔洞或空腔中的钢筋面积不应大于孔洞或空腔面积的 6%。

（2）钢筋的设置应符合下列规定：

1）设置在灰缝中钢筋的直径不宜大于灰缝厚度的 1/2。

2）两平行钢筋间的净距不应小于 25 mm。

3）柱和壁柱中竖向钢筋的净距不宜小于 40 mm（包括接头处钢筋间的净距）。

（3）钢筋在灌孔混凝土中的锚固应符合下列规定：

1）当计算中充分利用竖向受拉钢筋强度时，其锚固长度 l_a，对 HRB335 级钢筋不宜小于 30d；对 HRB400 和 RRB400 级钢筋不宜小于 35d；在任何情况下钢筋（包括钢丝）锚固长度不应小于 300 mm。

2）竖向受拉钢筋不宜在受拉区截断。如必须截断时，应延伸至按正截面受弯承载力计算不需要该钢筋的截面以外，延伸的长度不应小于 20d。

3）竖向受压钢筋在跨中截断时，必须延伸至按计算不需要该钢筋的截面以外，延伸的长度不应小于 20d；对绑扎骨架中末端无弯钩的钢筋，不应小于 25d。

4）钢筋骨架中的受力光面钢筋，应在钢筋末端做弯钩，在焊接骨架、焊接网以及轴心受压构件中，可不做弯钩；绑扎骨架中的受力变形钢筋，在钢筋的末端可不做弯钩。

第五节　配筋砌体质量标准

一、一般规定

（1）配筋砌体工程除应满足本节要求和规定外，还应符合《砌体结构工程施工质量验收规范》（GB 50203—2011）的要求和规定。

（2）施工配筋小砌块砌体剪力墙，应采用专用的小砌块砌筑砂浆砌筑，专用小砌块灌孔混凝土浇筑芯柱。

（3）设置在灰缝内的钢筋，应居中置于灰缝内，水平灰缝厚度应大于钢筋直径 4 mm 以上。

二、主控项目

（1）钢筋的品种、规格、数量和设置部位应符合设计要求。

检验方法：检查钢筋的合格证书、钢筋性能复试试验报告、隐蔽工程记录。

（2）构造柱、芯柱、组合砌体构件、配筋砌体剪力墙构件的混凝土及砂浆的强度等级应符合设计要求。

抽检数量：每检验批砌体，试块不应小于 1 组，验收批砌体试块不得小于 3 组。

检验方法：检查混凝土和砂浆试块试验报告。

（3）构造柱与墙体的连接处应符合下列规定。

1）墙体应砌成马牙槎，马牙槎凹凸尺寸不宜小于 60 mm，高度不应超过 300 mm，马牙槎应先退后进，对称砌筑；马牙槎尺寸偏差每一构造柱不应超过 2 处。

2）预留拉结钢筋的规格、尺寸、数量及位置应正确，拉结钢筋应沿墙高每隔 500 mm 设 2ϕ6，伸入墙内不宜小于 600 mm，钢筋的竖向移位不应超过 100 mm，且竖向移位每一构造柱不得超过 2 处。

3）施工中不得任意弯折拉结钢筋。

抽检数量：每检验批抽查不应少于 5 处。

检验方法：观察检查和尺量检查。

（4）配筋砌体中受力钢筋的连接方式及锚固长度、搭接长度应符合设计要求。

抽检数量：每检验批抽查不应少于 5 处。

检验方法：观察检查。

三、一般项目

（1）构造柱一般尺寸允许偏差及检验方法应符合表 4-2 的规定。

表 4-2　构造柱一般尺寸允许偏差及检验方法

序号	项　　目			允许偏差（mm）	检验方法
1	中心线位置			10	用经纬仪和尺检查或用其他测量仪器检查
2	层间错位			8	用经纬仪和尺检查或用其他测量仪器检查
3	垂直度	每层		10	用 2 m 托线板检查
		全高	≤10 m	15	用经纬仪、吊线和尺检查或用其他测量仪器检查
			>10 m	20	

抽检数量：每检验批抽查不应少于 5 处。

（2）设置在砌体灰缝中钢筋的防腐保护应符合《砌体结构工程施工质量验收规范》（GB 50203—2011）的规定，且钢筋保护层完好，不得有肉眼可见裂纹、剥落和擦痕等缺陷。

抽检数量：每检验批抽查不应少于 5 处。

检验方法：观察检查。

（3）网状配筋砖砌体中，钢筋网规格及放置间距应符合设计规定。每一构件钢筋网沿砌体高度位置超过设计规定一皮砖厚不得多于 1 处。

抽检数量：每检验批抽查不应少于 5 处。

检验方法：通过钢筋网成品检查钢筋规格，钢筋网放置间距采用局部剔缝观察，或用探针刺入灰缝内检查，或用钢筋位置测定仪测定。

（4）钢筋安装位置的允许偏差及检验方法应符合表 4-3 的规定。

表 4-3　钢筋安装位置的允许偏差及检验方法

项　　目		允许偏差（mm）	检验方法
受力钢筋保护层厚度	网状配筋砌体	±10	检查钢筋网成品，钢筋网放置位置局部剔缝观察，或用探针刺入灰缝内检查，或用钢筋位置测定仪测定

续上表

项　　目		允许偏差（mm）	检验方法
受力钢筋保护层厚度	组合砖砌体	±5	支模前观察与尺量检查
	配筋小砌块砌体	±10	浇筑灌孔混凝土前观察检查与尺量检查
配筋小砌块砌体墙凹槽中水平钢筋间距		±10	钢尺量连续三挡，取最大值

抽检数量：每检验批抽查不应少于 5 处。

第五章 圈梁、墙梁施工

第一节 圈 梁

1. 一般要求

(1) 为增强房屋的整体刚度，防止由于地基的不均匀沉降或较大振动荷载等对房屋引起的不利影响，可按规定在墙中设置现浇钢筋混凝土圈梁。不允许采用钢筋砖圈梁和预制钢筋混凝土圈梁。

(2) 建筑在软弱地基或不均匀地基上的砌体房屋，除按本节规定设置圈梁外，尚应符合国家现行《建筑地基基础设计规范》(GB 50007－2011) 的有关规定。

(3) 按抗震设计的砌体房屋的圈梁设置，尚应符合国家现行《建筑抗震设计规范》(GB 50011－2010) 的要求以及相关规定。

> 圈梁作用的介绍
>
> (1) 由于圈梁的约束作用，使楼盖与纵横墙构成整体的箱形结构，防止预制楼板散开和砌体墙出平面倒塌，以充分发挥各面墙体的抗震能力。
>
> (2) 可以加强纵横墙的连接，增强房屋的整体性。
>
> (3) 限制墙体斜裂缝的开展和延伸，使墙体裂缝仅在两道圈梁之间的墙段内发生，斜裂缝的水平夹角减小，砖墙抗剪强度得以更充分地发挥和提高。
>
> (4) 作为楼盖的边缘构件，对装配式楼盖在水平面内进行约束，提高楼板的水平刚度，保证楼盖起整体横隔板的作用，以传递并分配层间地震剪力。
>
> (5) 可以减轻地震时地基不均匀沉陷与地表裂缝对房屋的影响，特别是屋盖处和基础顶面处的圈梁，具有提高房屋竖向刚度和抗御不均匀沉陷的能力。
>
> (6) 圈梁与钢筋混凝土构造柱或芯柱一起对墙体产生约束作用，增强房屋的整体性。圈梁能使纵横墙体保持如箱形结构的整体性，有效地抵抗来自任何方向的水平地震力作用。

2. 空旷的单层房屋（如车间、仓库、食堂等）圈梁的设置

(1) 砖砌体房屋，檐口标高为 5～8 m 时，应在檐口标高处设置圈梁一道，檐口标高大于 8 m 时，应增加设置数量。

(2) 砌块及料石砌体房屋，檐口标高为 4～5 m 时，应在檐口标高处设置圈梁一道，檐口标高大于 5 m 时，应增加设置数量。

(3) 对有起重机或较大振动设备的单层工业房屋，除在檐口或窗顶标高处设置现浇钢筋混凝土圈梁外，尚应增加设置数量。

3. 多层砌体房屋圈梁的设置

(1) 多层砌体民用房屋，如宿舍、办公楼等，且层数为 3～4 层时，应在底层和檐口标

高处设置圈梁一道。当层数超过 4 层时，应在所有纵、横墙上隔层设置。

（2）多层砌体工业房屋，应每层设置现浇钢筋混凝土圈梁。

（3）设置墙梁的多层砌体房屋应在托梁、墙梁顶面和檐口标高处设置现浇钢筋混凝土圈梁，其他楼盖处应在所有纵横墙上每层设置。

（4）采用现浇钢筋混凝土楼（屋）盖的多层砌体房屋，当层数超过 5 层时，除在檐口标高处设置一道圈梁外，可隔层设置圈梁，并与楼（屋）面板一起现浇。

4. 建筑在软弱地基或不均匀地基上的砌体房屋圈梁的设置

（1）在多层房屋的基础和顶层檐口处各设置一道圈梁，其他各层可隔层设置，必要时也可层层设置。

（2）单层工业厂房、仓库等，可结合基础梁、连系梁、过梁等酌情设置。

（3）圈梁应设置在外墙、内纵墙和主要内横墙上。

（4）在墙体上开洞过大时，宜在开洞部位适当配筋以及采用构造柱圈梁加强。

5. 圈梁的设置要求

（1）装配式钢筋混凝土楼、屋盖或木屋盖的砖房时应按表 5-1 的要求设置圈梁。

表 5-1 砖房现浇钢筋混凝土圈梁设置要求

序　号	项　目	抗震设防烈度		
		6 度、7 度	8 度	9 度
1	外墙和内纵墙	屋盖处及每层楼盖处	屋盖处及每层楼盖处	屋盖处及每层楼盖处
2	内横墙	屋盖处及每层楼盖处；屋盖处间距不应大于 4.5 m；楼盖处间距不应大于 7.2 m；构造柱对应部位	屋盖处及每层楼盖处；各层所有横墙，且间距不应大于 4.5 m；构造柱对应部位	屋盖处及每层楼盖处；各层所有横墙

（2）纵墙承重时每层均应设置圈梁，且抗震横墙上的圈梁间距应按表 5-1 内要求适当加密。

（3）现浇或装配整体式钢筋混凝土楼、屋盖与墙体有可靠连接的房屋，应允许不另设圈梁，但楼板沿墙体周边应加强配筋并与相应的构造柱钢筋可靠连接。

（4）圈梁宜与预制板设在同一标高处或紧靠板底，如图 5-1（a）、（b）、（c）所示。

（5）圈梁应闭合，遇有洞口圈梁应上下搭接，如图 5-1（d）、（e）所示。

（6）钢筋混凝土圈梁的截面高度不应小于 120 mm，配筋应符合表 5-2 的要求；当地基为软弱土层或严重不均匀时，应增设基础圈梁，截面高度应不小于 180 mm，配筋应不少于 $4\phi12$。

表 5-2 圈梁配筋要求

序　号	配　筋	抗震设防烈度		
		6 度、7 度	8 度	9 度
1	最小纵筋	$4\phi10$	$4\phi12$	$4\phi14$
2	最大箍筋间距（mm）	250	200	150

（7）圈梁在表 5-1 要求的间距内无横墙时，应利用梁或板缝中配筋替代圈梁。

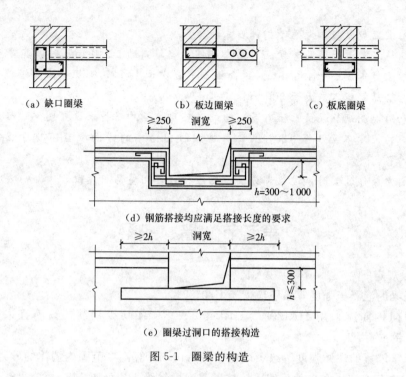

（a）缺口圈梁　　　　　（b）板边圈梁　　　　　（c）板底圈梁

（d）钢筋搭接均应满足搭接长度的要求

（e）圈梁过洞口的搭接构造

图 5-1　圈梁的构造

圈梁构造要求的介绍

（1）圈梁宜连续地设在同一水平面上，并形成封闭状；当圈梁被门窗洞口截断时，应在洞口上部增设相同截面的附加圈梁。附加圈梁与圈梁的搭接长度不应小于两者垂直间距的 2 倍，且不得小于 1 m，如图 5-2 所示。

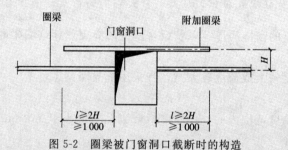

图 5-2　圈梁被门窗洞口截断时的构造

（2）纵横墙交接处的圈梁应有可靠的连接，其配筋构造如图 5-3 所示。

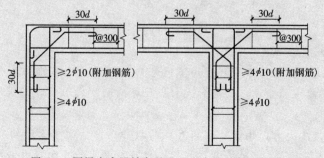

图 5-3　圈梁在房屋转角处及丁字交叉处的连接构造

（3）圈梁应与屋架、大梁等构件可靠连接。

（4）钢筋混凝土圈梁的宽度宜与墙厚相同，当墙厚 $h \geqslant 240$ mm 时，其宽度不宜小于 $2h/3$。圈梁高度不应小于 120 mm。纵向钢筋不应少于 $4\phi10$，绑扎接头的搭接长度按受拉钢筋考虑，箍筋间距不应大于 300 mm。

（5）采用现浇钢筋混凝土楼（屋）盖的多层砌体结构房屋未设置圈梁的楼层，其楼面板嵌入墙内的长度不应小于 120 mm，并在楼板内沿墙的方向配置不少于 $2\phi10$ 的纵向钢筋。

（6）圈梁兼作过梁时，过梁部分的钢筋应按计算用量另行增配。

第二节　墙　　梁

1. 一般规定

（1）托梁的混凝土强度等级不应低于 C30。

（2）纵向钢筋应采用 HRB335、HRB400 或 RRB400 级钢筋；箍筋宜采用 HPB235、HRB335 级钢筋。

（3）承重墙梁的块体强度等级不应低于 MU10，计算高度范围内墙体的砂浆强度等级不应低于 M10；其余墙体和自承重墙梁墙体砂浆强度等级不应低于 M5。

自承重墙梁和承重墙梁的介绍

（1）自承重墙梁。这种墙梁只承受托梁自重和托梁顶面以上墙体自重，如基础梁。

（2）承重墙梁。这种墙梁除了承受托梁顶面以上墙体自重以外，还承受由屋盖、楼盖传来的荷载，如上层为住宅或旅馆，底层为较大空间的商店，通常需设置承重墙梁。

（4）设置框支墙梁的砌体房屋，以及设有承重的简支或连续墙梁的房屋，应满足刚性方案房屋的要求。

（5）当墙梁的跨度较大或荷载较大时，宜采用框支墙梁。

2. 墙体要求

（1）墙梁的计算高度范围内的墙体厚度对砖砌体不应小于 240 mm，对混凝土小型砌块砌体不应小于 190 mm。

（2）墙梁洞口上方应设置混凝土过梁，其支承长度不应小于 240 mm，洞口范围内不应施加集中荷载。

墙梁洞口的介绍

（1）无洞口墙梁。

1）无洞口墙梁在竖向均布荷载作用下的弯曲与托梁、墙体的刚度有关，托梁的刚度愈大，作用于托梁跨中的竖向应力也愈大；当托梁的刚度无限大时，作用在托梁上的竖向应力则为均匀分布。

2）当托梁刚度不大时，由于墙体内存在的拱作用，墙梁顶面的均布荷载主要沿主压应力轨迹线逐渐向支座传递，随着靠近托梁，水平截面上的竖向应力由均匀分布变成向两端集中的非均匀分布，托梁承受的弯矩将减小。

3）无洞口墙梁如图 5-4（a）所示。

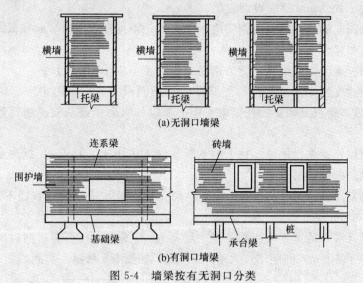

(a)无洞口墙梁

(b)有洞口墙梁

图 5-4 墙梁按有无洞口分类

（2）有洞口墙梁。

1）孔洞对称于跨中的开洞墙梁，由于孔洞处于低应力区，不影响墙梁的受力拱作用，因此其受力性能如无洞口墙梁那样，为拉杆拱组合受力机构，其破坏形态也类似于无洞口墙梁的破坏形态。

2）对于偏开洞墙梁，洞口偏于墙体的一侧，由于偏开洞的干扰，其受力更加复杂，墙体内形成一个大拱套一个小拱，托梁既作为拉杆，又作为小拱的弹性支座而承受较大的弯矩，因而托梁处于大偏心受拉状态，墙梁为梁—拱组合受力机构。

（3）有洞口墙梁如图 5-4（b）所示。

（3）承重墙梁的支座处应设置落地翼墙，翼墙厚度对砖砌体不应小于 240 mm，对混凝土砌块砌体不应小于 190 mm，翼墙宽度不应小于墙梁墙体厚度的 3 倍，并与墙梁墙体同时砌筑。当不能设置翼墙时，应设置落地且上、下贯通的构造柱。

（4）当墙梁墙体的受剪或局部受压承载力不满足时，可采用网状配筋砌体或加构造柱等。

（5）当墙梁墙体在靠近支座 1/3 跨度范围内开洞时，支座处应设置落地且上、下贯通的构造柱，并应与每层圈梁连接。

（6）墙梁计算高度范围内的墙体，每天砌筑高度不应超过 1.5 m，否则，应加设临时支撑。

（7）承重墙梁的托梁如现浇时，必须在混凝土达到设计强度等级的 75%，梁上砌体达到比设计强度等级低一级的强度时，方可拆除模板支撑。

（8）通过墙梁墙体的施工临时通道的洞口宜开在跨中 1/3 范围内，其高度不应大于层高的 5/6，并预留水平拉结钢筋。

（9）冬期施工时，托梁下应设置临时支撑，在墙梁计算高度范围内的墙体强度达到设计强度的 75% 以前，不得拆除。

3. 托梁

（1）设置墙梁房屋的托梁两边各一个开间，相邻开间处应采用现浇混凝土楼盖，楼板厚度不应小于 120 mm，当楼板厚度大于 150 mm 时，应采用双层双向钢筋网，楼板上应少开洞，洞口尺寸大于 800 mm 时应设洞边梁。

（2）托梁每跨底部的纵向受力钢筋应通长设置，不得在跨中段弯起或截断。钢筋接长应采用机械连接或焊接。

（3）墙梁的托梁跨中截面纵向受力钢筋总配筋率不应小于 0.6%。

（4）托梁距边支座 1/4 范围内，上部纵向钢筋面积不应小于跨中下部纵向钢筋面积的 1/3。连续墙梁或多跨框支墙梁的托梁中支座上部附加纵向钢筋从支座边算起每边延伸不少于 1/4。

（5）承重墙梁托梁在砌体墙、柱上的支承长度不应小于 350 mm。纵向受力钢筋伸入支座应符合受拉钢筋的锚固要求。

（6）当托梁高度 $h_b \geqslant 500$ mm 时，应沿梁高设置通长水平腰筋；直径不应小于 12 mm，间距不应大于 200 mm。

（7）墙梁偏开洞口的宽度及两侧各一个梁高 h_b 范围内直径至靠近洞口的支座边的托梁箍筋直径不应小于 8 mm，间距不应大于 100 mm，如图 5-5 所示。

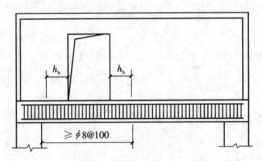

图 5-5　偏开洞时托梁箍筋加密区

第六章 混合结构房屋砌筑施工

第一节 变形缝设置

一、沉 降 缝

（1）设置沉降缝是消除由于过大不均匀沉降对房屋造成危害的有效措施。

（2）沉降缝将建筑物从屋顶到基础全部断开，分成若干长高比小、整体刚度好的单元，保证各单元能独立沉降，而不致引起开裂。

（3）设置沉降缝的建筑部位。

1）建筑平面的转折部位。

2）建筑物高度和荷载差异处（包括局部地下室边缘）。

3）过长建筑物的适当部位。

4）地基土的压缩性有显著差异处。

5）建筑物基础或结构类型不同处。

6）分期建造的房屋的交界处。

（4）对于一般软土地基上的沉降缝宽度可按如下所述设置。

1）2～3 层房屋，沉降缝宽度宜为 50～80 mm。

2）4～5 层房屋，沉降缝宽度宜为 80～120 mm。

3）5 层以上房屋，沉降缝宽度宜为 120 mm 以上。

（5）沉降缝的常见做法如图 6-1 所示。

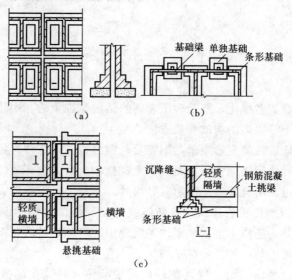

图 6-1

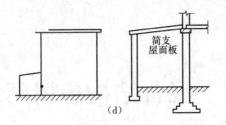

图 6-1　沉降缝常见做法

二、伸 缩 缝

（1）伸缩缝是将过长的建筑物用缝分成几个长度较小的独立单元，使每个单元砌体因收缩和温度变形而产生的拉应力小于砌体的抗拉强度，从而防止和减少墙体竖向裂缝的产生。

（2）伸缩缝应设置在因温度和收缩变形可能引起应力集中、砌体产生裂缝可能性最大的部位。

（3）砌体房屋伸缩缝的最大间距参见第二章表 2-14 的规定。

（4）伸缩缝的常见做法如图 6-2 所示。

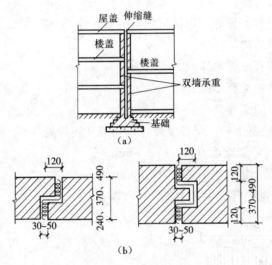

图 6-2　伸缩缝常见做法

三、防 震 缝

（1）由于建筑体型的多样化，复杂和不规则的结构是难免的。用防震缝将结构分段，是把不规则结构变为若干较规则结构的有效方法。

（2）要满足罕遇地震时的变形要求，则需要防震缝很宽，这样将给立面处理及构造带来较大的困难，或由于设缝后使结构段过柔，带来碰撞和失稳的破坏。

因此，一般应通过采用合理的平面形状和尺寸，尽量不设防震缝。对于特别不规则的建筑、质量和刚度分布相差悬殊的建筑，设防震缝时必须考虑足够的缝宽。当地基土质较差时，除考虑结构变形外，还应考虑由于不均匀沉降引起基础转动的影响。防震缝两侧楼板宜位于同一标高，防止楼板与柱相撞使柱子破坏。

（3）下列情况宜设置防震缝，缝两侧均应设置墙体，缝宽度应根据烈度和房屋高度确定，可采用 70～100 mm。

1）房屋立面高差在 6 m 以上。

2）房屋有错层，且楼板高差大于高层的 1/4。

3）房屋各部分刚度、质量截然不同。

（4）防震缝的最小宽度：当房屋高度不超过 15 m 时，可采用 70 mm；当房屋高度超过 15 m 时，抗震设防烈度 6 度、7 度、8 度和 9 度相应每增加高度 5 m、4 m、3 m 和 2 m，宜加宽 20 mm。

第二节　墙体布置与构造要求

一、墙体布置

混合结构房屋的墙体布置，除应合理选择墙体承重体系外，还应遵守下列原则：

（1）在满足使用要求的前提下，尽可能采用横墙承重体系，有困难时，也应尽量减少横墙间的距离，以增加房屋的整体刚度。

（2）承重墙布置力求简单、规则，纵墙宜拉通，避免断开和转折，每隔一定距离设置一道横墙，将内外纵墙拉结在一起，形成空间受力体系，以增加房屋的空间刚度和增强调整地基不均匀沉降的能力。

（3）承重墙所承受的荷载力求明确，荷载传递的途径应简捷、直接。当墙体有门窗或各种管道的洞口时，应使各层洞口上下对齐，这有助于各层荷载的直接传递。

（4）结合楼盖、屋盖的布置，使墙体避免承受偏心距过大的荷载或过大的弯矩。

砌体承重体系类型的介绍

结构体系是指建筑物中的结构构件按一定规律组合成的一种承受和传递荷载的骨架系统。在混合结构承重体系中，以砌体结构的受力特点为主要标志，根据屋（楼）盖结构布置的不同，一般可分为横墙承重体系、纵墙承重体系和内框架承重体系三种类型。

（1）横墙承重体系。横墙承重体系是指多数横向轴线处布置墙体，屋（楼）面荷载通过钢筋混凝土楼板传给各道横墙，横墙是主要承重墙，纵墙主要承受自重，侧向支承横墙，保证房屋的整体性和侧向稳定性。横墙承重体系的优点是屋（楼）面构件简单，施工方便，整体刚度好；缺点是房间布置不灵活，空间小，墙体材料用量大。横墙承重体系主要用于 5～7 层的住宅、旅馆、小开间办公楼。

（2）纵墙承重体系。纵墙承重体系是指屋（楼）盖梁（板）沿横向布置，楼面荷载主要传给纵墙，纵墙是主要承重墙，横墙承受自重和少量竖向荷载，侧向支承纵墙。纵墙承重体系主要用于进深小而开间大的教学楼、办公楼、实验室、车间、食堂、仓库和影剧院等建筑物。

（3）内框架承重体系。内框架承重体系是指建筑物内部设置钢筋混凝土柱，柱与两端支于外墙的横梁形成内框架。外纵墙兼有承重和围护的作用。它的优点是内部空间大，布置灵活，经济效果和使用效果均佳。但因其由两种不同性质的结构体系合成，地震作用下破坏严重，外纵墙尤甚，地震区应慎用。

二、墙体的构造要求

1. 耐久性措施

为保证砌体结构各部位具有比较均衡的耐久性等级，对处于受力较大或不利环境条件下的砌体材料，《砌体结构设计规范》（GB 50003—2011）对设计使用年限为 50 年的砌体结构，提出了具体的要求。国外发达国家的砌体材料强度等级较高，对砌体房屋的耐久性要求也较高。

（1）五层及五层以上房屋的墙，以及受振动或层高大于 6 m 的墙、柱所用材料的最低强度等级，应符合下列要求：

1）砖采用 MU10。

2）砌块采用 MU7.5。

3）石材采用 MU30。

4）砂浆采用 M5。

（2）地面以下或防潮层以下的砌体，潮湿房间的墙，所用材料的最低强度等级应符合设计要求。

2. 整体性措施

砌体结构房屋的整体性取决于砌体的整体性和砌体与非砌体构件连接的可靠程度。砌体的整体性由砌体的块体的组砌搭接措施保证，而砌体与非砌体构件，主要由其间的传力、连接构造，如设置梁垫或垫梁、壁柱，以及锚固连接等措施保证。

（1）承重的独立砖柱，截面尺寸不应小于 240 mm×370 mm。

（2）墙体转角处、纵横墙的交接处应错缝搭砌，以保证墙体的整体性。对不能同时砌筑而又必须留置的临时间断处，应砌成斜槎，斜槎长度不宜小于其高度的 2/3。若条件限制，留成斜槎困难时，也可做成直槎，但应在墙体内加设拉结钢筋，每 120 mm 墙厚内不得小于 16 根且每层不少于 2 根，沿墙高的间距不得超过 500 mm，埋入长度从墙的留槎处算起，每边均不小于 500 mm，末端做成 90°弯钩。

（3）跨度大于 6.0 m 的屋架和跨度大于 4.8 m 的梁时，其支承面下的砖砌体，应设置混凝土或钢筋混凝土垫块（当墙中设有圈梁时，垫块与圈梁宜浇成整体）。

（4）对厚度 $h \leqslant 240$ mm 的砖砌体墙，当大梁跨度大于或等于 6 m 时，其支承处宜加设壁柱，或采取其他加强措施。

（5）预制钢筋混凝土板的支承长度，在墙上不宜小于 100 mm，在钢筋混凝土圈梁上不宜小于 80 mm；预制钢筋混凝土梁在墙上的支承长度不宜小于 240 mm。

（6）支承在墙、柱上的屋架和起重机梁或搁置在砖砌体上跨度大于或等于 9.0 m 的预制梁的端部，应采用锚固件与墙、柱上的垫块锚固。如图 6-3 所示为近年来大跨双 T 板的连接构造。

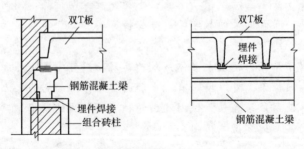

图 6-3 双 T 板、托梁与组合砖柱连接

（7）山墙处的壁柱宜砌至山墙顶部。檩条或屋面板应与山墙锚固。采用砖封檐的屋檐，

屋檐挑出的长度不宜超过墙厚的 1/2，每皮砖挑出长度应小于或等于一块砖长的 1/4~1/3。

（8）屋架房屋的填充墙及围护墙。通常作为自承重墙的骨架房屋的填充墙及围护墙，除满足稳定和自承重之外，从使用角度来说，还应具有承受侧向推力、侧向冲击荷载、吊挂荷载，以及主体结构的连接约束作用的能力。因此，骨架填充墙及围护墙的材料强度等级不宜过低，与骨架或承重结构的连接，应视具体情况，采用柔性连接、半柔性或半刚性连接和刚性连接。对可能有振动或需抗震设防的骨架或结构的填充墙及围护墙，宜优先选用柔性或半柔性连接。围护墙与骨架由钢筋连接。

3. 砌体中留槽洞或埋设管道时应符合的规定

（1）不应在截面长边小于 500 mm 的承重墙体、独立柱中埋设管线。

（2）墙体中避免穿行暗线或预留、开凿沟槽，无法避免时应采取必要的加强措施或按削弱后的截面验算墙体的承载力。

4. 多层砌体结构房屋中设置构造柱的要求

（1）各类多层砖砌体房屋，应按下列要求设置现浇钢筋混凝土构造柱。

1）构造柱设置部位，一般情况下应符合表 6-1 的要求。

表 6-1　砖房构造柱设置要求

房屋层数				设置部位	设置数量
6 度	7 度	8 度	9 度		
四、五	三、四	二、三		（1）楼、电梯间四角，楼梯斜梯锻上下端对应的墙体处。 （2）外墙四角和对应转角。 （3）错层部位横墙与外纵墙交接处。 （4）大房间内外墙交接处。 （5）较大洞口两侧	（1）隔 12 m 或单元横墙与纵墙交接处。 （2）楼梯间对应的另一侧内横墙与外纵墙交接处
六	五	四	二		（1）隔开间横墙（轴线）与外墙交接处。 （2）山墙与内纵墙交接处
七	≥六	≥五	≥三		（1）山墙（轴线）与外墙交接处。 （2）内墙的局部较小墙垛处。 （3）内纵墙与横墙（轴线）交接处

注：较大洞口，内墙指小于 2.1 m 的洞口；外墙在内外墙交接处已设置构造柱的应允许适当放宽，但洞侧墙体应加强。

2）外廊式和单面走廊式的多层房屋，应根据房屋增加一层后的层数，按表 6-1 的要求设置构造柱，且单面走廊两侧的纵墙均应按外墙处理。

3）横墙较少的房屋，应根据房屋增加一层后的层数，按表 6-1 的要求设置构造柱；当横墙较少的房屋为外廊式或单面走廊式时，应按上述 2）要求设置构造柱，但抗震设防烈度 6 度不超过四层、7 度不超过三层和 8 度不超过两层时，应按增加两层后的层数对待。

4）各层横墙很少的房屋，应按增加二层的层数设置构造柱。

5）采用蒸压灰砂砖和蒸压粉煤灰砖的砌体房屋，当砌体的抗剪强度仅达到普通黏土砖砌体的 70% 时，应根据增加一层的层数按上述 1）～4）的要求设置构造柱；但 6 度不超过四层、7 度不超过三层和 8 度不超过二层时应按增加二层的层数对待。

（2）多层砖砌体房屋的构造柱应符合下列构造要求。

1）构造柱最小截面可采用 180 mm×240 mm（墙厚 190 mm 时为 180 mm×190 mm），纵向钢筋宜采用 4ϕ12，箍筋间距不宜大于 250 mm，且在柱上下端应适当加密；6、7 度时超过六层、8 度时超过五层和 9 度时，构造柱纵向钢筋宜采用 4ϕ14，箍筋间距不应大于 200 mm；房屋四角的构造柱应适当加大截面及配筋。

2）构造柱与墙连接处应砌成马牙槎，沿墙高每隔 500 mm 设 2ϕ6 水平钢筋和 ϕ4 分布短筋平面内点焊组成的拉结网片或 ϕ4 点焊钢筋网片，每边伸入墙内不宜小于 1 m。6、7 度时底部 1/3 楼层，8 度时底部 1/2 楼层，9 度时全部楼层，上述拉结钢筋网片应沿墙体水平通长设置。

3）构造柱与圈梁连接处，构造柱的纵筋应在圈梁纵筋内侧穿过，保证构造柱纵筋上下贯通。

4）构造柱可不单独设置基础，但应伸入室外地面下 500 mm，或与埋深小于 500 mm 的基础圈梁相连。

5）房屋高度和层数接近《建筑抗震设计规范》（GB 50011—2010）规定的限值时，纵、横墙内构造柱间距尚应符合下列要求。

①横墙内的构造柱间距不宜大于层高的 2 倍；下部 1/3 楼层的构造柱间距适当减小。

②当外纵墙开间大于 3.9 m，应另设加强措施。内纵墙的构造柱间距不宜大于 4.2 m。

（3）构造柱的构造与配筋如图 6-4 和图 6-5 所示。

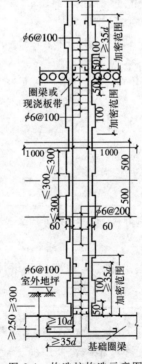

图 6-4　构造柱构造示意图

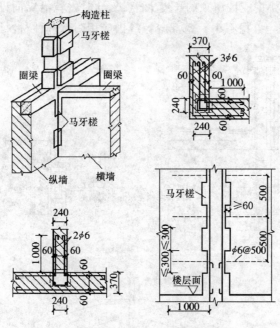

图 6-5　构造柱与砖墙连接

第三节　防止或减轻裂缝开裂的措施

一、防止温度变化和砌体干缩变形引起的砌体房屋顶层墙体开裂的措施

（1）根据砌体房屋墙体材料和建筑体型、屋面构造选择适合的温度伸缩区段。

（2）屋面应设置有效的保温层或隔热层。

（3）采用装配式有檩体系钢筋混凝土屋盖或瓦材屋盖。

（4）屋面保温层或屋面刚性面层及砂浆找平层设置分隔缝，其间距不大于 6 m，并与女儿墙隔开，缝宽不小于 30 mm。

（5）在屋盖的适当部位设置分隔缝，间距不宜大于 20 m，如图 6-6 所示。

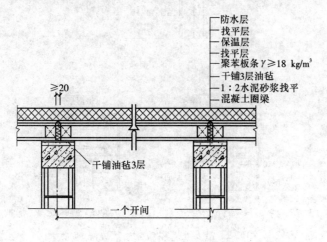

图 6-6　屋盖分隔缝

（6）当现浇混凝土挑檐或坡屋顶的长度大于 12 m 时，宜沿纵向设置分隔缝或沿坡顶脊部设置分隔缝（图 6-7），缝宽不小于 20 mm，缝内应用防水弹性材料嵌填。

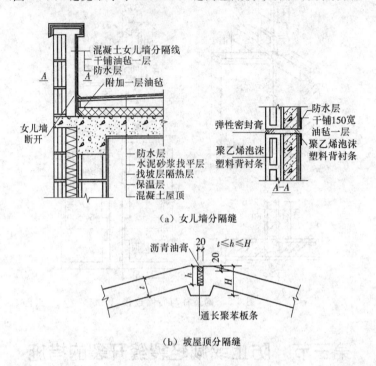

（a）女儿墙分隔缝

（b）坡屋顶分隔缝

图 6-7　女儿墙、坡屋顶分隔缝

（7）当房屋进深较大时，在沿女儿墙内侧的现浇板处设置局部分隔缝（图 6-8），缝宽不小于 20 mm，缝内应用防水弹性材料嵌填。

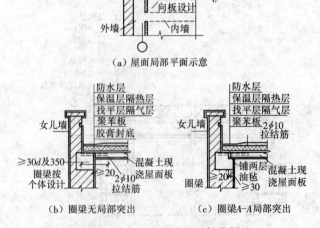

（a）屋面局部平面示意

（b）圈梁无局部突出　　　（c）圈梁A-A局部突出

图 6-8　沿女儿墙屋盖处局部分隔缝

（8）在混凝土屋面板与墙体圈梁间设置滑动层。滑动层可采用两层油毡夹滑石粉或橡胶片；对较长的纵墙可只在两端的 2～3 个开间内设置，对横墙可只在其两端各 1/4 墙长范围内设置。

（9）顶层屋面板下设置现浇混凝土圈梁，并沿内外墙拉通，房屋两端圈梁下的墙体内适当配置水平钢筋。

（10）顶层挑梁与圈梁拉通。当不能拉通时，在挑梁末端下墙体内设置 3 道焊接钢筋网片（图 6-9）或 2ϕ6 钢筋，其从挑梁末端伸入两边墙体不小于 1 000 mm。

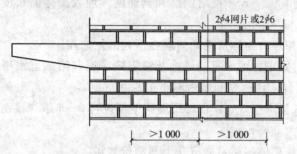

图 6-9　挑梁末端下墙体内设置 3 道焊接钢筋网片

（11）在顶层门窗洞口过梁上的水平灰缝内设置 2～3 道焊接钢筋网片或 2ϕ6 钢筋，并应伸入过梁两端墙内不小于 600 mm。

（12）顶层墙体内适当增设构造柱。

（13）女儿墙应设构造柱，其间距不大于 4 m，构造柱应伸入女儿墙顶，并与现浇混凝土压顶梁浇在一起。

砌体结构裂缝种类的介绍

（1）温度裂缝。主要是指屋盖和墙体间温度差异变形应力过大产生的砌体房屋顶层两端墙体上的裂缝，如门窗洞边的正八字斜裂缝，平屋顶下或屋顶圈梁下沿砖（块）灰缝的水平裂缝及水平包角裂缝（含女儿墙）。这类裂缝在所有块体材料的墙上均很普遍，即不论是低干缩性的烧结块材，还是高干缩性的非烧结类块材，裂缝形态无本质区别，仅有程度上的不同，而且分布位置也较集中，在房屋上层的两侧。因此《砌体结构设计规范》（GB 50003—2011）专门提出了有关防止或减轻端部墙体开裂的构造措施。

（2）干缩裂缝。主要是由于干缩性较大的块材，如蒸压灰砂砖、粉煤灰砖、混凝土砌块，随着含水率的降低，材料会产生较大的干缩变形。干缩变形早期发展较快，以后逐步变慢。但干缩后遇湿又会膨胀，脱水后再次干缩，但干缩值较小，为第一次的 80% 左右。这类干缩变形引起的裂缝，在建筑上分布广、数量多，开裂的程度也较严重。最有代表性的裂缝是分布在建筑物底部 1～2 层窗台部位的垂直裂缝或斜裂缝，在大片墙面上出现的底部重上部较轻的竖向裂缝，以及不同材料和构件间差异变形引起的裂缝等。

（3）温度和干缩裂缝。墙体裂缝可能多数情况下由两种或多种因素共同作用所致，但在建筑物上仍能呈现出是以温度和干缩为主的裂缝特征。

（4）其他原因引起的裂缝。如设计方案不合理、施工质量和监督失控也常是重要的裂缝成因。

二、增强砌体抗裂能力的措施

(1) 设置基础圈梁或增加其刚度。

(2) 在底层窗台下砌体灰缝中设置 3 道 $2\phi4$ 焊接钢筋网片或 $2\phi6$ 钢筋；或采用现浇混凝土配筋带或窗台板，灰缝钢筋或配筋带不少于 $3\phi8$，并应伸入窗间墙内不小于 600 mm。

(3) 在墙体转角和纵横墙交接处沿竖向设置拉结钢筋或钢筋网片。对砖砌体，拉结钢筋的数量每 120 mm 厚墙不少于 $1\phi6$，竖向间距不大于 500 mm；对砌块砌体拉结网片不小于 $2\phi4$，竖向间距不大于 600 mm。拉结钢筋和钢筋网片埋入砌体的长度，从转角墙或交接墙内侧算起每边不小于 600 mm。

(4) 对灰砂砖、粉煤砖砌体房屋，尚应在下列部位加强。

1) 在各层门窗过梁上方的水平灰缝内及窗下第一道和第二道水平灰缝内设置焊接钢筋网片或 $2\phi6$ 钢筋，其伸入两边窗间墙内不小于 600 mm。

2) 当实体墙的长度大于 5 m，在每层墙高中部设置 2~3 道焊接钢筋网片或 $3\phi6$ 通长水平钢筋，其竖向间距为 500 mm。

(5) 对混凝土砌块砌体房屋，尚应在下列部位加强。

1) 在门窗洞口两侧不少于一个洞口中设置不少于 $1\phi12$ 钢筋，钢筋应在楼层圈梁或基础梁锚固，并采用不低于 C20 混凝土灌实。

2) 在顶层和底层设置通长钢筋混凝土窗台梁，窗台梁的高度宜为块高的模数，纵筋不少于 $4\phi10$，箍筋 $\phi6@200$，C20 混凝土，其他各层门窗过梁上方及窗台下的配筋应符合有关的要求。

3) 对实体墙的长度大于 5 m 的砌块，沿墙高 400 mm 配置不小于 $2\phi4$ 通长焊接网片，网片横向钢筋的间距为 200 mm，直径同主筋。

4) 在门窗洞口两边墙体的水平灰缝中，设置长度不小于 900 mm，竖向间距为 400 mm 的 $2\phi4$ 焊接网片。

(6) 灰砂砖、粉煤灰砖砌体宜采用黏结性好的砂浆，混凝土砌块应采用专用砂浆，其强度等级不宜低于 M10。

粉煤灰砖的介绍

(1) 粉煤灰砖的外形为直角六面体，尺寸 240 mm×115 mm×53 mm。

(2) 粉煤灰砖根据抗压强度分为 MU30、MU25、MU20、MUl5、MU10 五个强度等级。强度应符合表 6-2 的规定。

表 6-2　粉煤灰砖强度等级　　　　　　　　　　　　　　（单位：MPa）

强度等级	抗压强度		抗折强度	
	10块平均值	单块值	10块平均值	单块值
MU30	≥30.0	≥24.0	≥6.2	≥5.0
MU25	≥25.0	≥20.0	≥5.0	≥4.0
MU20	≥20.0	≥16.0	≥4.0	≥3.2
MU15	≥15.0	≥12.0	≥3.3	≥2.6
MU10	≥10.0	≥8.0	≥2.5	≥2.0

(3) 粉煤灰砖允许偏差及外观质量应符合表 6-3 的规定。

表 6-3　粉煤灰砖允许偏差及外观质量　　　　　　（单位：mm）

项　目		指　标		
		优等品	一等品	合格品
尺寸允许偏差	长	±2	±3	±4
	宽	±2	±3	±4
	高	±1	±2	±3
对应高度差		≤1	≤2	≤3
缺棱掉角的最小破坏尺寸		≤10	≤15	≤20
完整面 不少于		二条面和一顶面或二顶面和一条面	一条面和一顶面	一条面或一顶面
裂纹长度	（1）大面上宽度方向的裂纹（包括延伸到条面上的长度）	≤30	≤50	≤70
	（2）其他裂纹	≤50	≤70	≤100
层裂		不允许		

注：在条面或顶面上破坏面的两个尺寸同时大于 10 mm 和 20 mm 者为非完整面。

三、砌体墙设置竖向控制缝措施

（1）砌块砌体墙设置竖向控制缝的形式如图 6-10 所示。

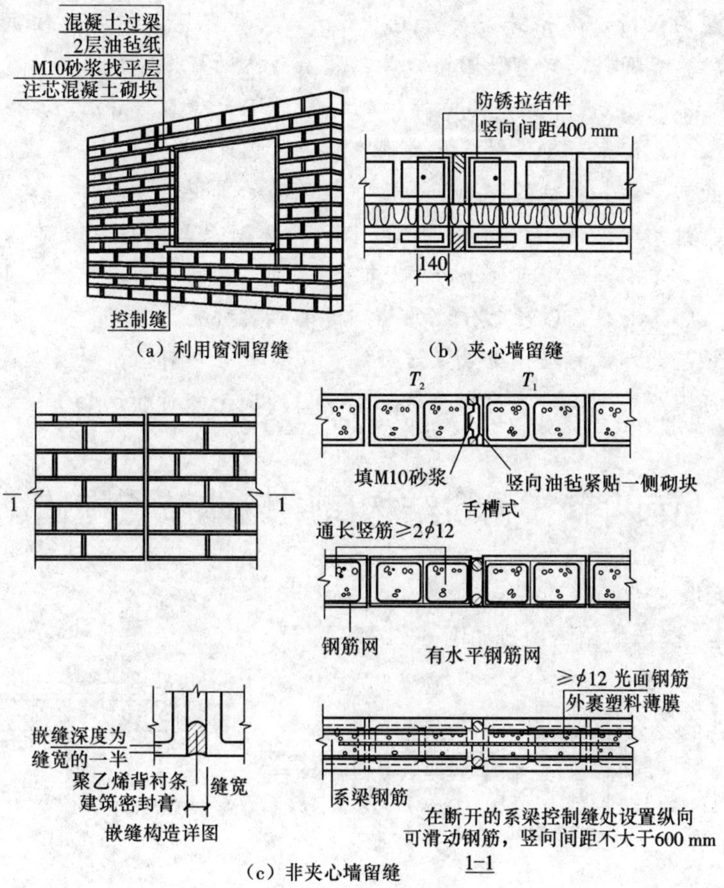

图 6-10　竖向控制缝的形式

（2）竖向控制缝的间距与位置应符合下列要求。

1）在建筑物墙体高度或厚度突然变化处，在门窗洞口的一侧或两侧设置竖向控制缝，并应在房屋阴角处设置控制缝。

2）对 3 层以下的房屋，应沿墙体的全高设置，对大于 3 层的房屋，可仅在建筑物的 1～2 层和顶层墙体的上列部位设置。

3）控制缝在楼、屋盖的圈梁处可不贯通，但在该部位圈梁外侧宜留宽度和深度均为 12 mm 的槽做成假缝，以控制可预料的裂缝。

4）控制缝的间距不宜大于 9 m；落地门窗口上缘与同层顶部圈梁下皮之间距离小于 600 mm 者可视为控制缝；建筑物尽端开间内不宜设置控制缝。

5）控制缝可做成隐式，与墙体的灰缝相一致，控制缝的宽度宜通过计算确定，且不宜大于 14 mm。控制缝应用弹性密封材料填缝。

裂缝控制的介绍

鉴于裂缝成因的复杂性，按目前施工条件等的原因，尚难完全避免墙体开裂，而是使裂缝的程度减轻或无明显裂缝，故采用了"防止或减轻"墙体开裂的措施用语。

墙体裂缝允许宽度的含义包括：一是裂缝对砌体的承载力和耐久性影响很少；二是人的感观的可接受程度。钢筋混凝土结构的裂缝宽度大于 0.3 mm 时，通常在美学上难以接受，砌体结构也不例外。尽管砌体结构的安全裂缝宽度可以更大些，但是在住宅商品化的今天，砌体房屋的裂缝，不论是否大于 0.3 mm，只要可见，就成为住户判别"房屋安全"的直观标准。据资料，只有德国对砌体结构有成文的规定：对外墙或条件恶劣部位的墙体，裂缝宽度不大于 0.2 mm，其他部位裂缝宽度不大于 0.3 mm。其他发达国家对裂缝控制的要求较高，但未对砌体裂缝宽度规定标准。因此如何面对砌体结构的裂缝，确实是一个较突出和需要认真对待的课题，需要引起足够的重视。

控制缝是针对高干缩性砌体材料，把较长的砌体房屋的墙体划分为若干个较小的区段，从五六米到十多米，这样可使由干缩、温度变形引起的应力或裂缝减小，从而达到可以控制的程度。它是对我国较长的传统的伸缩缝的必要补充。

但是在房屋某些部位的墙体上设置控制缝，防裂效果较好，而对房屋的整体受力性能影响很小，并可满足抗震设防的要求。这已被我国的理论分析和试验研究所证实。

第四节　混合结构房屋墙体节点构造

1. 后砌填充墙、隔墙的拉结

后砌填充墙、隔墙的拉结构造如图 6-11 所示。

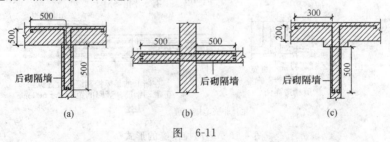

图 6-11

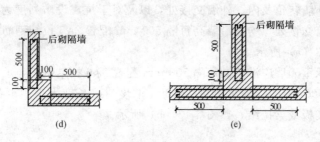

图 6-11　后砌填充墙、隔墙的拉结构造示意图

2. 预制板的拉结

预制板的拉结构造如图 6-12 所示。

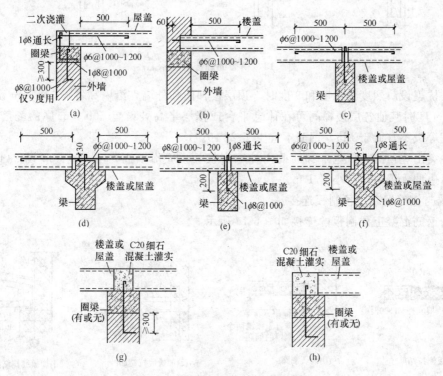

图 6-12　预制板的拉结构造示意图

3. 砌体结构墙体间的拉结

（1）同一结构单元内横墙错位数量不宜超过横墙总数的 1/3，且连续错位不宜多于两道；错位的墙体交接处应增设构造柱，且楼、屋面板应采用现浇钢筋混凝土板。

（2）横墙和内纵墙上洞口的宽度不宜大于 1.5 m；外纵墙上洞口的宽度不宜大于 2.1 m 或开间尺寸的一半；且内外墙上洞口位置不应影响内外纵墙与横墙的整体连接。

（3）所有纵横墙均应在楼、屋盖标高处设置加强的现浇钢筋混凝土圈梁；圈梁的截面高度不宜小于 150 mm，上下纵筋各不应少于 $3\phi10$，箍筋不小于 $\phi6$，间距不大于 300 mm。

（4）房屋底层和顶层的窗台标高处，宜设置沿纵横墙通长的水平现浇钢筋混凝土带；其截面高度不小于 60 mm，宽度不小于 240 mm，纵向钢筋不少于 $3\phi6$。

4. 横墙的加强措施

（1）当未设置构造柱时，对于抗震设防烈度为 7 度且层高超过 3.6 m 或长度大于 7.2 m

的开间较大的房间外墙转角及内、外墙交接处，以及对于抗震设防烈度为 8 度、9 度的房屋外墙转角及内、外墙交接处，均应沿墙高每隔 500 mm 配置 $2\phi6$ 拉结钢筋，并伸入墙内不宜小于 1 m，如图 6-13（a）所示。

（2）后砌的非承重隔墙应沿墙高每隔 500 mm 配置 $2\phi6$ 拉结钢筋与承重墙或柱连接，每边伸入墙内不小于 500 mm。当设防烈度为 8 度、9 度时，长度大于 5 m 的后砌非承重砌体隔墙的墙顶尚应与楼板或梁拉结，如图 6-13（b）所示。

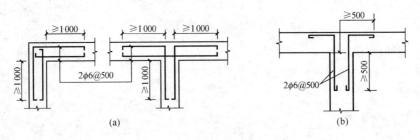

图 6-13　横墙的加强措施示意

（3）抗震设防烈度为 8 度和 9 度时，顶层楼梯间和外墙宜沿墙高每隔 500 mm 设 $2\phi6$ 通长钢筋，9 度时其他各层楼梯间可在休息平台或楼层半高处设置 600 mm 厚的配筋砂浆带，砂浆强度等级不宜低于 M5，钢筋不宜少于 $2\phi10$。

（4）突出屋顶的楼（电）梯间的内外墙交接处，应沿墙高每隔 500 mm 设 $2\phi6$ 拉结钢筋，且每边伸入墙内不应小于 1 m。

5. 墙与钢筋混凝土预制板连接

墙与钢筋混凝土预制板的连接如图 6-14 所示。

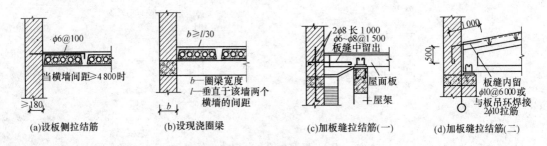

图 6-14　墙与钢筋混凝土板连接示意

6. 砌体墙搁置在钢筋混凝土板上的加固措施

砌体墙搁置在钢筋混凝土板上的加固措施如图 6-15 所示。

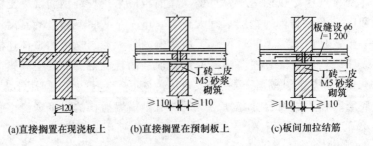

(a)直接搁置在现浇板上　　(b)直接搁置在预制板上　　(c)板间加拉结筋

图　6-15

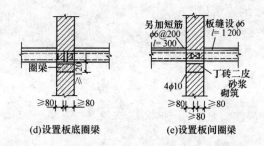

图 6-15　砌体墙搁置在钢筋混凝土板上的加固措施

7. 墙体与构件的连接措施

（1）墙体与屋架的连接如图 6-16 所示。

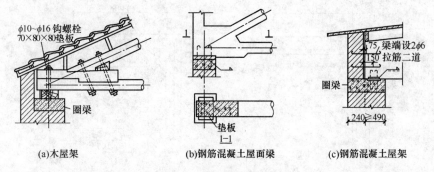

图 6-16　墙体与屋架的连接

（2）墙体与檩条的连接如图 6-17 所示。

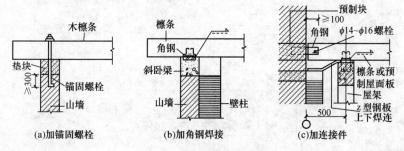

图 6-17　墙与檩条的连接

（3）墙上搁置钢筋混凝土梁的做法如图 6-18 所示。

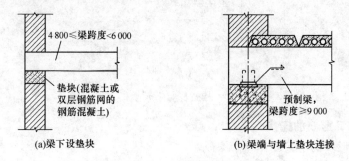

图 6-18　墙上搁置钢筋混凝土梁

（4）墙上设有起重机的连接如图 6-19 所示。

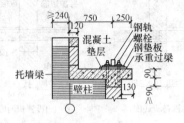

图 6-19　墙上设有起重机的连接

8. 构造柱与 L 形墙的连接

构造柱与 L 形墙的连接如图 6-20 所示。

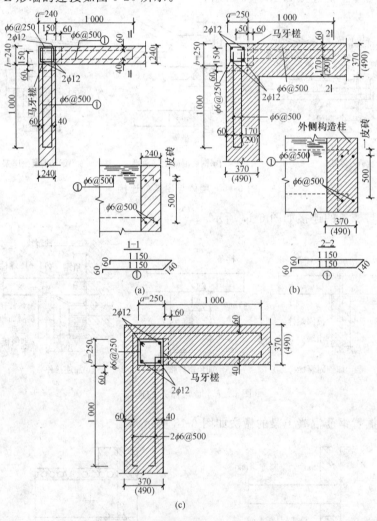

图 6-20　构造柱与 L 形墙的连接

9. 构造柱与 T 形墙的连接

构造柱与 T 形墙的连接如图 6-21 所示。

10. 构造柱与十字形墙的连接

构造柱与十字形墙的连接如图 6-22 所示。

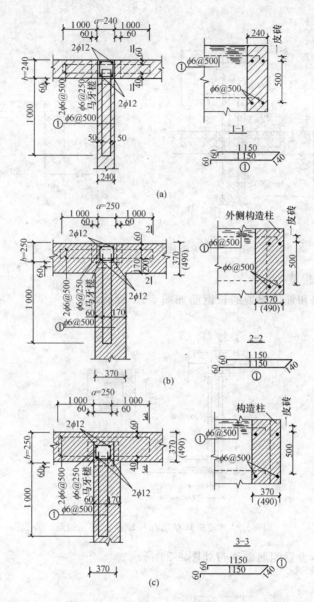

图 6-21 构造柱与 T 形墙的连接

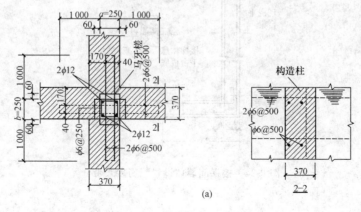

(a)

图 6-22

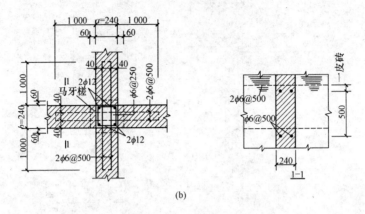

图 6-22　构造柱与十字形墙的连接

11. 楼梯间墙体构造

（1）楼梯间横墙和外墙设置通长钢筋如图 6-23 所示。

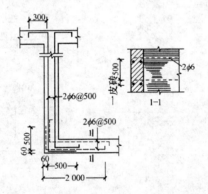

图 6-23　楼梯间横墙和外墙设置通长钢筋

（2）楼梯间墙体设置配筋砂浆带如图 6-24 所示。

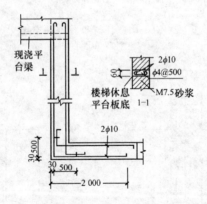

图 6-24　楼梯间墙体设置配筋砂浆带

12. T形节点处构造柱与圈梁的连接

T形节点处构造柱与圈梁的连接如图 6-25 所示。

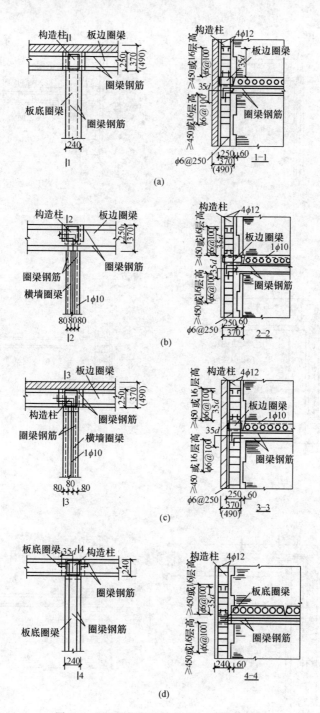

图 6-25 T形节点处构造柱与圈梁的连接

13. L形节点处构造柱与圈梁的连接

L形节点处构造柱与圈梁的连接如图 6-26 所示。

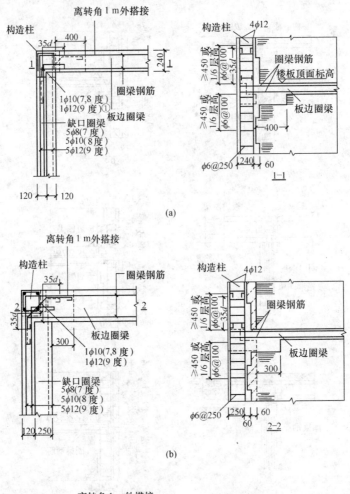

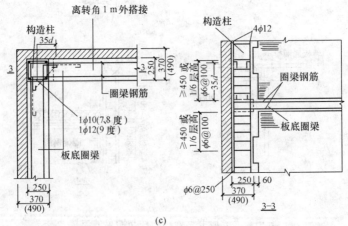

图 6-26 L形节点处构造柱与圈梁的连接

14. 构造柱与梁的现浇接头

（1）墙内侧构造柱与预制装配式横梁的现浇接头如图 6-27 所示。

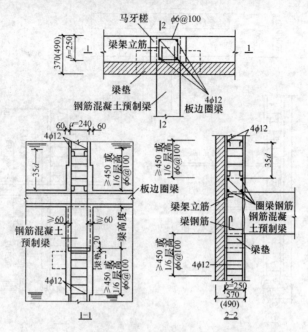

图 6-27 墙内侧构造柱与预制装配式横梁的现浇接头

（2）墙外侧构造柱与预制装配式横梁的现浇接头如图 6-28 所示。

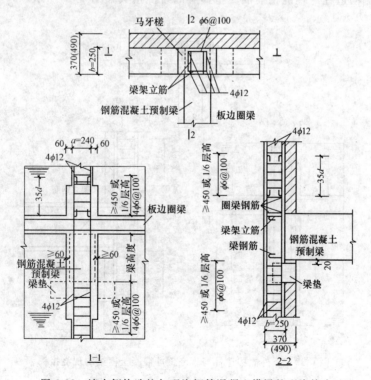

图 6-28 墙内侧构造柱与现浇钢筋混凝土横梁的现浇接头

（3）墙内侧构造柱与现浇钢筋混凝土横梁的现浇接头如图 6-29 所示。

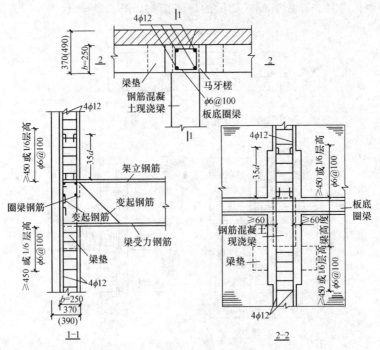

图 6-29　墙内侧构造柱与现浇钢筋混凝土横梁的现浇接头

（4）墙外侧构造柱与现浇钢筋混凝土横梁的现浇接头如图 6-30 所示。

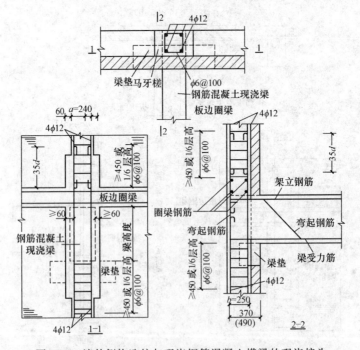

图 6-30　墙外侧构造柱与现浇钢筋混凝土横梁的现浇接头

第七章　瓦屋面施工

第一节　平瓦铺挂

一、铺挂准备

1. 堆瓦

平瓦运输堆放应避免多次倒运。要求平瓦长边侧立堆放,最好一顺一倒合拢靠紧,堆放成长条形,高度以 5～6 层为宜,堆放、运瓦时,要稳拿轻放。

2. 选瓦

平瓦的质量应符合相关要求。砂眼、裂缝、掉角、缺边、少爪等不符合质量要求规定的不宜使用。半边瓦和掉角、缺边的平瓦可用于山檐边、斜沟或斜脊处,其使用部分的表面不得有缺损或裂缝。

3. 上瓦

待基层检验合格后,方可上瓦。上瓦时应特别注意安全:如在屋架承重的屋面上,上瓦必须前后两坡同时、同一方向进行,以免屋架不均匀受力而变形。

4. 摆瓦

一般有"条摆"和"堆摆"两种。"条摆"要求隔 3 根挂瓦条摆一条瓦,每米约 22 块瓦;"堆摆"要求一堆 9 块瓦,间距为:左右隔 2 块瓦宽,上下隔 2 根挂瓦条,均匀错开,摆置稳妥。在钢筋混凝土挂瓦板上,最好随运随铺,如需先摆瓦时,要求均匀分散平摆在板上,不得在一块板上堆放过多,更不准在板的中间部位堆放过多,以免荷载集中而使板断裂。

5. 挂瓦条检查

在铺设平瓦之前,应先检查挂瓦条间距,挂瓦条间距应根据平瓦规格和屋面坡长确定。挂瓦条应铺钉平整、牢固,上棱应成一直线。

二、平瓦铺挂工艺

1. 一般要求

(1) 铺设平瓦时,平瓦应均匀分散堆放在两坡屋面上,不得集中堆放。铺瓦时,应由两坡从下向上同时对称铺设,严禁单坡铺设。

(2) 平瓦应铺成整齐的行列,彼此紧密搭接,并应瓦榫落槽,瓦脚挂牢,瓦头排齐,檐口应成一直线,瓦头挑出封檐板的长度宜为 50～70 mm。

平瓦屋面构造介绍

在木屋架之间搁置檩条,檩条上铺设屋面板,在屋面板上干铺油毡一层,油毡上钉顺水条(又称左毡条),顺水条上钉挂瓦条,平瓦就挂在挂瓦条上。在屋脊处要用脊瓦铺盖,并用砂浆窝牢。

（1）平瓦屋面的斜沟，一般用镀锌钢板制作，钢板伸入瓦片下一般不少于 150 mm，斜沟处的瓦片要打成斜边。

（2）在山墙挑檐处的一行瓦，其边缘应用水泥麻刀砂浆封固。

（3）在木基层上应用 250 mm 宽的木封檐板；在混凝土基层上用混凝土做封檐，抹水泥砂浆。

（4）平瓦挑出封檐板的尺寸为 50～70 mm。

（5）当为无组织排水时，檐口距离墙面的距离应不小于 500 mm。

（6）当采用檐沟排水时，木基层可用 0.6 mm 镀锌钢板做檐沟，用扁钢吊钩将其固定在封檐板上；当为混凝土基层时，将钢筋混凝土挑出做成檐沟，并用水泥砂浆抹面。

（7）当平瓦屋面坡度大于 45°时，则应在瓦的后部钻孔，用双股铜丝绑于挂瓦条上。

（8）木基层平瓦屋面天沟做法如图 7-1 所示。

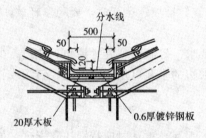

图 7-1　木基层平瓦屋面天沟

（9）现浇混凝土基层平瓦屋面天沟做法如图 7-2 所示。

（10）木基层平瓦屋面斜沟做法如图 7-3 所示。

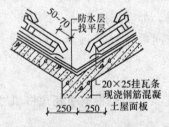

图 7-2　混凝土基层平瓦屋面天沟　　　　　图 7-3　木基层平瓦屋面斜沟

（11）木基层平瓦屋脊构造如图 7-4 所示。

（12）钢筋混凝土基层平瓦屋脊构造如图 7-5 所示。

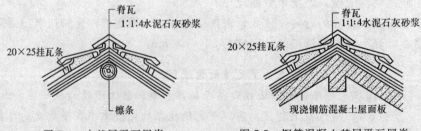

图 7-4　木基层平瓦屋脊　　　　　图 7-5　钢筋混凝土基层平瓦屋脊

2. 施工放线

（1）无顺水条做法。先在距离屋脊 30 mm 处弹一平行屋脊的直线，确定最上一条挂瓦条的位置，再在距离屋檐 50 mm 处弹一平行屋脊的直线，确定最下一条挂瓦条的位置，然后再根据瓦片和搭接要求均分弹出中间部位的挂瓦条位置线，挂瓦条的间距要保证上一层瓦的挡雨檐要将下排瓦的钉孔盖住，如图 7-6 所示。

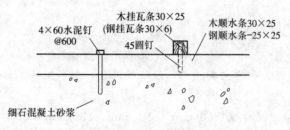

图 7-6　无顺水条做法

（2）有顺水条做法。先在两山檐边距檐口 50 mm 处弹平行山檐的直线，然后根据两山檐距离弹顺水条位置线，顺水条间距不大于 500 mm，再按无顺水条的做法弹挂瓦条线，如图 7-7 所示。

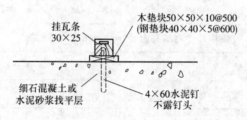

图 7-7　有顺水条做法

3. 挂瓦条安装

（1）先将顺水条用水泥钉按间距 600 mm 固定。木顺水条可选用 30 mm×25 mm 木方，钢顺水条可用 25 mm×5 mm 扁钢预先钻孔并调直。

（2）装挂瓦条：将挂瓦条上棱平齐挂瓦条位置线固定在顺水条上，钢挂瓦条可选用 30 mm×6 mm 型钢焊在顺水条上，木挂瓦条可选用 30 mm×25 mm 木方钉在顺水条上；无顺水条时，将挂瓦条直接固定在找平层上，此时挂瓦条下可用钢板垫块 40×40×5@600 或木垫块 50×50×10@500 做支撑垫块代替。

4. 铺屋面、檐口瓦

挂瓦次序从檐口由下到上、自左向右方向进行。檐口瓦要挑出檐口 50～70 mm 瓦后，爪均应挂在挂瓦条上，与左边、下边两块瓦落槽密合，随时注意瓦面、瓦楞平直，不符合质量要求的瓦不能铺挂。为保证铺瓦的平整顺直，应从屋脊拉一斜线到檐口，即斜线对准屋脊下第一张瓦的右下角，顺次与第二排的第二张瓦、第三排的第三张瓦，直到檐口瓦的右下角，都在一直线上。然后由下到上依次逐张铺挂，可以达到瓦沟顺直，整齐美观。檐口瓦用镀锌钢丝拴牢在檐口挂瓦条上。当屋面坡度大于 50％或在大风、地震地区，每片瓦均需用镀锌钢丝固定于挂瓦条上。瓦的搭接应顺主导风向，以防漏水。檐口瓦应铺成一条直线，天沟处的瓦要根据宽度及斜度弹线锯料。整坡瓦应平整，行列横平竖直，无翘角和张口现象。

5. 铺斜脊、斜沟瓦

先将整瓦（或选择可用的缺边瓦）挂上，沟边要求搭盖泛水宽度不小于 150 mm，弹出墨线，编好号码，将多余的瓦面砍去（最好用钢锯锯掉，保证锯边平直），然后按号码次序挂上；斜脊处的平瓦也按上述方法挂上，保证脊瓦搭接平瓦每边不小于 40 mm，弹出墨线，编好号码，砍（或锯）去多余部分，再按次序挂好。斜脊、斜沟处的平瓦要保证使用部分的瓦面质量。

水泥平瓦的介绍

水泥平瓦是以水泥、砂为主要原料，经配料混合、加水搅拌、机械滚压或人工揉压成型，养护而成的。

（1）水泥平瓦标准尺寸为 400 mm×240 mm、385 mm×235 mm，瓦主体厚度为 14 mm。瓦的尺寸允许偏差：长度，±5 mm；宽度，±5 mm；厚度，±2 mm。

（2）水泥平瓦外观质量要求：瓦型清楚，瓦爪齐全，瓦面光滑，边角整齐。瓦的质量要求见表 7-1 的规定

表 7-1　水泥平瓦的质量要求

项　目	单　位	指　标
掉角：在瓦正表面的角两边的破坏尺寸均不得大于	mm	8
瓦爪残缺	—	允许一爪有缺，但小于爪高的 1/3
边筋残缺：边筋短缺、断裂	—	不允许
擦边长度不得超过（在瓦正表面上造成的破坏宽度小于 5 mm 者不计）	mm	30
裂纹	—	不允许
分层	—	不允许
涂层	—	瓦表面涂层完好

6. 挂脊瓦

挂平脊、斜脊脊瓦时，应拉通长麻线，铺平挂直。扣脊瓦用 1∶2.5 石灰砂浆铺坐平实，脊瓦接口和脊瓦与平瓦间的缝隙处，要用掺抗裂纤维的灰浆嵌严刮平，脊瓦与平瓦的搭接每边不少于 40 mm；平脊的接头口要顺主导风向；斜脊的接头口向下（即由下向上铺设），平脊与斜脊的交接处要用麻刀灰封严。铺好的平脊和斜脊平直，无起伏现象。

石灰砂浆的介绍

石灰砂浆是由石灰膏和砂子按一定比例搅拌而成的砂浆，完全靠石灰的气硬而获得强度。石灰砂浆仅用于强度要求低、干燥的环境，成本较低。

7. 平瓦屋面节点泛水施工

（1）山墙边泛水做法如图 7-8 所示。

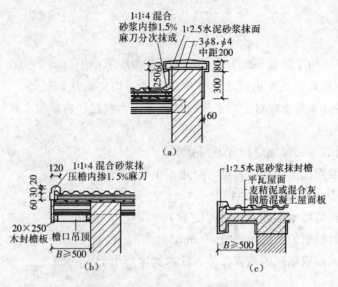

图 7-8　平瓦坡屋面与山墙边泛水

（2）天沟、檐沟的防水层宜采用 1.2 mm 厚的合成高分子防水卷材、3 mm 厚的高聚物改性沥青防水卷材铺设，或采用 1.2 mm 合成高分子防水涂料涂刷设防，亦可用镀锌薄钢板铺设。

（3）平瓦坡屋面女儿墙做法如图 7-9 所示。

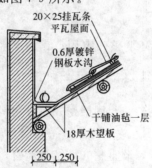

图 7-9　平瓦坡屋面女儿墙

（4）平瓦坡屋面烟囱根做法如图 7-10 所示。

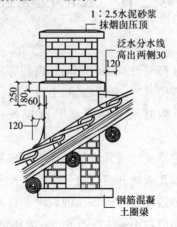

图 7-10　平瓦坡屋面烟囱根

三、质量标准

1. 一般规定

（1）平瓦屋面适用于防水等级为Ⅱ、Ⅲ级以及坡度不小于 20％的屋面。

（2）平瓦屋面与立墙及突出屋面结构等交接处，均应做泛水处理。天沟、檐沟的防水层，应采用合成高分子防水卷材、高聚物改性沥青防水卷材、沥青防水卷材、金属板材或塑料板材等材料铺设。

（3）平瓦屋面的有关尺寸应符合下列要求。

1）脊瓦在两坡面瓦上的搭盖宽度，每边不小于 40 mm。

2）瓦伸入天沟、檐沟的长度为 50～70 mm。

3）天沟、檐沟的防水层伸入瓦内宽度不小于 150 mm。

4）瓦头挑出封檐板的长度为 50～70 mm。

5）突出屋面的墙或烟囱的侧面瓦伸入泛水宽度不小于 50 mm。

2. 主控项目

（1）平瓦及其脊瓦的质量必须符合设计要求。

检验方法：观察检查和检查出厂合格证或质量检验报告。

（2）平瓦必须铺置牢固。地震设防地区或坡度大于 50％的屋面，应采取固定加强措施。

检验方法：观察和手扳检查。

3. 一般项目

（1）挂瓦条应分档均匀，铺钉平整、牢固；瓦面平整，行列整齐，搭接紧密，檐口平直。

检验方法：观察检查。

（2）脊瓦应搭盖正确，间距均匀，封固严密；屋脊和斜脊应顺直，无起伏现象。

检验方法：观察或手扳检查。

（3）泛水做法应符合设计要求，顺直整齐，结合严密，无渗漏。

检验方法：观察检查和雨后或淋水检验。

第二节　波形瓦铺挂

一、铺挂工艺

波形瓦应从檐口开始平行于屋脊分排铺设。同排内相邻波形瓦的长度应相互搭接，搭接方向应顺年最大频率风向。其搭接宽度：大波瓦和中波瓦不应少于半个波；小波瓦不应少于一个波，如图 7-11 所示。上下两排波瓦的搭接长度应根据屋面坡长确定，但不应少于 100 mm。

当采用上下两排波形瓦长边搭接缝错开方法铺设时，宜错开半张波形瓦，但大波瓦和中波瓦至少应错开一个波，小波形瓦应错开两个波。

当采用上下两排波形瓦长边搭接缝对齐方法铺设时，在相邻四块瓦的搭接处，应随盖瓦方向的不同，先对瓦割角，对角缝隙不宜大于 5 mm。玻璃钢波瓦可不割角。

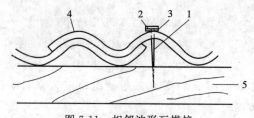

图 7-11　相邻波形瓦搭接
1—螺钉；2—镀锌垫圈；
3—防水垫圈；4—波形瓦；5—檩条

波形瓦铺挂的基本要求的介绍

（1）波形瓦屋面可采用有基层或无基层两种做法。

（2）波形瓦当直接固定在金属檩条或混凝土檩条上时，应采用带防水垫圈的镀锌弯钩螺栓固定；当固定在木基层或木檩条上时，应采用带防水垫圈的镀锌螺钉固定。

（3）檐沟采用 0.6 mm 厚的镀锌钢板制作，纵向坡度大于 0.3%。

（4）采用坐浆挤压法贴实波瓦。要求灰浆挤满瓦缝，以防波瓦空鼓。为使波瓦与混凝土板面结合牢固，施工时基层板面洒水润湿，瓦要充分吸水待用，在板上先刷一道纯水泥结合层，再用 1∶2.5 水泥砂浆铺贴波瓦，并按要求做好泛水、屋面变坡等部位的瓦面搭接，以增强屋面整体的防渗能力。

石棉波形瓦用带防水垫圈的镀锌弯钩螺栓固定在钢檩条或钢筋混凝土檩条上，或用镀锌螺钉固定在木檩条上。螺栓或螺钉应设在靠近波形瓦搭接部分的盖瓦波峰上，如图 7-12 所示。

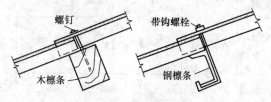

图 7-12　波形瓦固定

石棉水泥瓦的介绍

石棉水泥瓦是以石棉和水泥为主要原料制成的，分为石棉水泥波瓦和石棉水泥脊瓦。

石棉水泥瓦按波高分为大波瓦（B）、中波瓦（M）和小波瓦（S）。

石棉水泥大、中、小波瓦根据其抗折力、吸水率与外观质量分为 3 个等级：优等品（A）、一等品（B）和合格品（C）。

玻璃钢波形瓦用木螺钉或对拧螺栓固定，并加橡胶垫衬。

波形瓦上的钉孔应用电钻钻孔，其孔径应比螺钉（或螺栓）直径大 2～3 mm；固定波形瓦的螺钉或螺栓不应拧得太紧，以垫圈稍能转动为度。在上下两排波形瓦搭接处的檩条上，每张盖瓦的螺钉或螺栓应为两个；在每排波形瓦当中的檩条上，相邻两波形瓦搭接处的每张盖瓦上，都应设一个螺钉或螺栓。玻璃钢波形瓦每张至少应有 6 处与檩条固定。

玻璃纤维增强水泥瓦的介绍

（1）玻璃纤维增强水泥波瓦按其抗折力、吸水率与外观质量分为优等品、一等品和合格品。

（2）玻璃纤维增强水泥中波瓦、半波瓦的横断面形状分别如图 7-13 和图 7-14 所示，规格尺寸应符合表 7-2 的规定。

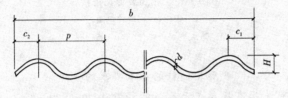

图 7-13　玻璃纤维增强水泥中波瓦

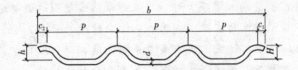

图 7-14　玻璃纤维增强水泥半波瓦

表 7-2　玻璃纤维增强水泥波瓦规格尺寸及允许偏差

品　种		规格尺寸及允许偏差							
		长 l (mm)	宽 b (mm)	厚 d (mm)	波距 p (mm)	波高 h (mm)	弧高 h_1 (mm)	边距（mm）	
								c_1	c_2
中波瓦		$2\ 400\pm10$ $1\ 800\pm10$	745 ± 10	$7^{+1.5}_{-1.0}$	131 ± 3	33^{+1}_{-2}	—	45 ± 5	45 ± 5
平波瓦	Ⅰ型	$2\ 800\pm10$	965 ± 10	$7^{+1.5}_{-1.0}$	300 ± 3	40 ± 2	30 ± 2	35 ± 2	30 ± 5
	Ⅱ型	$>2\ 800$ ±10	$1\ 000\pm10$	$7^{+1.5}_{-1.0}$	310 ± 3	50 ± 2	38.5 ± 2	40 ± 5	30 ± 5

注：其他规格的波瓦可由供需双方协商生产。

（3）玻璃纤维增强水泥脊瓦的形状如图 7-15 所示，规格尺寸应符合表 7-3 的规定。

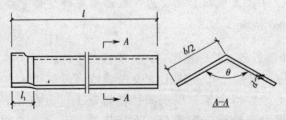

图 7-15　"人"字形玻璃纤维增强水泥脊瓦

表 7-3 玻璃纤维增强水泥脊瓦的规格尺寸及允许偏差

名 称	规 格	长度（mm）		宽度（mm）	厚度（mm）	角度（°）
		搭接长	总长			
	符号	l_1	l	b	s	θ
脊瓦	尺寸	70	850	230×2	7	125
	允许偏差	±10	±10	±10	+1.5 −1.0	±5

注：其他规格的脊瓦，可由供需双方协议生产。

（4）产品应表面平整，边缘整齐，不得有断裂、起层、贯穿厚度的孔洞与夹杂物等疵病。

（5）优等品应四边方正，无掉角、掉边、表面裂纹及玻璃纤维裸露表面。

（6）一等品、合格品的外观质量应符合表 7-4 的规定

表 7-4 玻璃纤维增强水泥瓦一等品、合格品的外观质量 （单位：mm）

外观缺陷	允许范围		
	中波瓦	半波瓦	脊瓦
掉角	沿瓦长度方向不得超过 100，宽度方向不超过 45	沿瓦长度方向不得超过 150，宽度方向不超过 25	沿瓦长度方向不得超过 20，宽度方向不得超过 20
	一张瓦的掉角不得多于 1 个		
掉边	宽度不超过 15	宽度不超过 15	不允许
裂纹	不得有因成型造成的下列之一的表面裂纹 正表面：①宽度超过 1.2； ②长度超过 75 背面：①宽度超过 1.5； ②长度超过 150		
方正度	≤7		—

屋脊、斜脊应采用脊瓦铺盖，也可采用镀锌薄钢板铺盖。脊瓦与波形瓦之间的空隙，宜用麻刀石灰等嵌封严密，如图 7-16 所示。

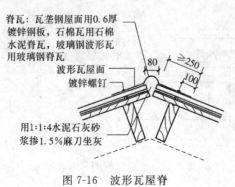

脊瓦：瓦垄钢屋面用0.6厚镀锌钢板，石棉瓦用石棉水泥脊瓦，玻璃钢波形瓦用玻璃钢脊瓦
波形瓦屋面
镀锌螺钉
80 ≥250 100
用1:1:4水泥石灰砂浆掺1.5%麻刀坐灰

图 7-16 波形瓦屋脊

二、细部做法

（1）当屋面有天沟、檐沟时，波形瓦伸入沟内的长度不应小于 50 mm。沟底防水层与波瓦间的空隙，宜用麻刀石灰等嵌填严密。其具体做法如图 7-17 和图 7-18 所示。

（2）屋面与女儿墙或烟囱的连接处采用镀锌薄钢板做泛水时，波形瓦与泛水的搭接宽度不宜小于 150 mm。波瓦与泛水间的空隙宜用麻刀等嵌填严密。

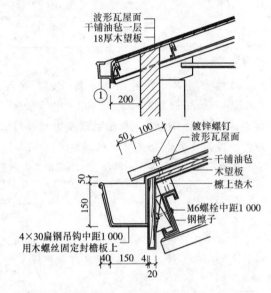

图 7-17　波形瓦屋面檐沟

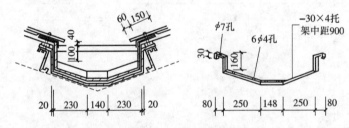

图 7-18　波形瓦屋面天沟

（3）屋面与山墙泛水的做法如图 7-19 所示。

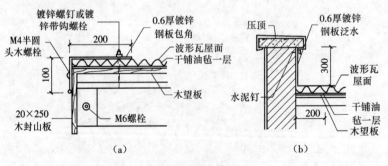

图 7-19　波形瓦屋面与山墙泛水

（4）波形瓦屋面变形缝的做法如图 7-20 所示。

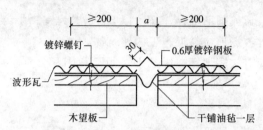

图 7-20　波形瓦屋面变形缝

a—变形缝宽度

（5）波形瓦屋面烟囱根的做法如图 7-21 所示。

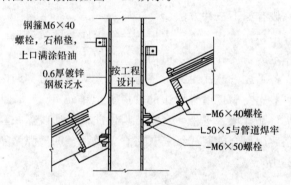

图 7-21　波形瓦屋面烟囱根

第三节　小青瓦铺挂

一、小青瓦的铺挂方法

小青瓦又称蝴蝶瓦，是阴阳瓦的一种，在我国屋面工程中应用已久，但现正在逐渐被平瓦所替代。由于各地雨量的差异，小青瓦的铺挂方法各有不同，其主要铺挂方法有仰瓦和俯仰瓦两种。其中，仰瓦屋面又分为有灰埂和无灰埂两种情况，如图 7-22 所示。

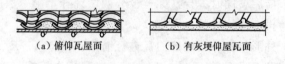

（a）俯仰瓦屋面　　　　　　（b）有灰埂仰屋瓦面

（c）无灰埂仰屋瓦面

图 7-22　小青瓦铺挂方法

小青瓦质量无统一规定，但瓦片中不得含有石灰等杂质；砂眼较多、裂缝较大、翘曲、欠火较酥和质量不好的青瓦，一般不宜使用。

对小青瓦的质量应认真检查，检查时既要看成色又要听声音，好的小青瓦应该是色泽一致、尺寸相同、弯曲弧度相等，轻轻敲击时声音清亮。

二、铺挂准备、运送和摆放

运瓦时瓦片立放成条形或圆形堆存，高度以 5～6 层为宜。小青瓦容易破损，应尽量减少倒运，以减少损坏。堆放场地应靠近施工的建筑物。

摆放小青瓦应均匀而有次序地摆在椽条上，阴瓦和阳瓦分别堆放。屋脊边应多摆一些，以备作屋脊之用。

三、铺挂工艺

铺挂小青瓦的操作顺序与铺平瓦基本相同，即从左往右、自下往上。但因小青瓦较薄易于破碎，为避免屋面铺好后再去铺盖屋脊瓦时会将瓦片踩破，因而在铺挂屋面瓦之前要先将脊瓦做好。

1. 做屋脊

做小青瓦屋脊时一般有如下三种方法：

（1）像做平瓦屋脊一样，将瓦一皮一皮地从一个山墙边铺筑到另一个山墙边。

（2）将瓦片斜成一定的角度并挤紧，由山墙两头向中间筑脊。

（3）先在山墙两头各平放一叠瓦封头，再将瓦直立从两边对称向中间筑脊，最后在中央合垄。具体做脊时，一般先在靠近屋脊两边的坡屋面上铺筑 5～6 张仰瓦或俯瓦作为分垄的标准，并用草泥或灰浆将瓦缝堵塞平稳，窝牢。再以此拉好通线，找直垫平屋脊底部，紧接着铺盖脊瓦。屋脊筑完后用混合砂浆或纸筋灰将脊背及瓦垄的缝隙堵塞密实、压紧抹光。一般脊瓦的做法如图 7-23 所示。

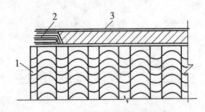

图 7-23　普通小青瓦屋脊

1—蓑衣瓦；2—平放瓦做端脊；3—斜瓦脊

2. 铺挂檐口瓦和屋面瓦

（1）铺设小青瓦前，应先在基层上抹泥，一般是在黄土中加些麦草或稻草与水搅拌均匀。抹泥应自下而上，前后坡同时进行，并至少分两层铺抹，第一层厚度不宜超过 60 mm，铺抹后待其略微干燥，再铺抹第二层，厚度以 20～40 mm 为宜。

（2）檐口瓦要挑选外形整齐、质量好的瓦进行铺挂。檐口第一皮瓦挑出檐口的长度不得少于 50 mm，檐口瓦垄必须与屋脊瓦垄上下对直，以利排水。檐口仰瓦相邻的空隙要用砂浆和碎瓦片填塞稳后再盖 2～3 张俯瓦。檐口处第一张仰瓦应抬高 20～30 mm，以防俯瓦下滑。

（3）铺屋面瓦时，应先顺斜坡拉线，再从檐口开始，自下往上一垄一垄地进行铺挂。铺瓦要求"一搭三或压二露三"，即要求瓦面上下搭接 2/3。

（4）俯仰瓦屋面的相邻两垄俯瓦和仰瓦的边之间要搭接 40 mm。

（5）铺俯仰瓦时，应先铺两垄仰瓦，并在其两垄仰瓦之间空隙处用灰浆塞垫稳后再铺俯瓦。

（6）若铺仰瓦屋面，则要在每两垄瓦之间空隙处用灰泥堵塞饱满后，用麻刀灰做出灰埂，并在灰埂上涂刷一层与瓦颜色相近的灰浆，再抹压圆直。若是不做灰埂的仰瓦屋面，应挑选外形整齐一致的小青瓦铺挂，且要求瓦垄边缘必须咬接紧密，坐浆饱满，铺挂密实稳牢。

（7）俯瓦铺好后，在檐口部分用麻刀灰涂塞，粉平压光。在屋脊处也要用瓦片覆盖，用麻刀灰镶砌填满，上面成半圆形或其他形式。

（8）悬山屋面，山墙处的瓦应挑出半块瓦宽，再粉披水线。硬山屋面则可用仰瓦随屋面坡度侧贴于墙上做泛水。

第八章　其他砌筑施工

第一节　下水管道铺设及窨井、化粪池的砌筑

一、管道铺设

1. 管道铺设工艺流程

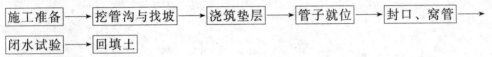

施工准备 → 挖管沟与找坡 → 浇筑垫层 → 管子就位 → 封口、窝管 →

闭水试验 → 回填土

2. 操作要点

（1）施工准备。施工准备主要包括材料、工具及作业条件准备，在施工前应做好施工技术与施工安全交底工作，还应做好测量定位放线工作，首先根据施工图放出窨井的中心桩，控制井的轴线和标高，然后在每根中心桩的两侧钉一对龙门桩，并编号，把标高标在桩上，根据龙门板放出开槽线，以确保施工质量和施工安全，如图8-1所示。

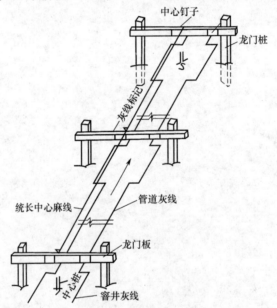

图 8-1　龙门板定管道中线

（2）挖管沟与找坡。在做好各项准备工作之后，可进行管道挖沟与找坡。挖管沟是根据管道走向定位线和龙门板确定的下挖标高进行挖土，并要按土质情况确定放坡角度。管沟挖到一定深度后，要在两块龙门板之间拉通线，检查管沟与坡度的标高是否符合设计要求，待挖到规定标高后，要清理沟底剩余土，而且要将清理好的沟底夯实。

（3）浇筑垫层。一般下水管道的管沟采用混凝土垫层，管径较小时也可用碎石或碎砖经

夯实作垫层。大的管沟混凝土垫层可能要支立模板，灌注混凝土时，要振捣密实、平整，找好纵向坡度，然后再弹好管子就位线。

下水管道排水系统的组成及作用的介绍

（1）排水管道系统的组成。建筑施工场地范围内由砌筑工施工的下水管道排水系统，是由下水管道（包括主管和支管）、检查井、窨井和化粪池等组成。

（2）管道排水系统的作用。管道排水系统的作用主要是将各种生产和生活废（污）水、雨水，有组织地排放到规定地点。其中主管是汇集小区内各支管的雨（污）水，并将雨（污）水排放到市政大干管中去，主管的直径一般为 300～600 mm，管材有排水铸铁管、混凝土管、钢筋混凝土管、石棉水泥管及缸瓦管等，一般多用混凝土管和钢筋混凝土管。支管是建筑物室内污水和屋面雨水排出的管道，它是通过窨井与主管相连接，比较分散且直径较小，一般直径为 200～300 mm，目前一般多用铸铁管、混凝土管或 PVC 管，后者是国家现行推荐用的排水管。窨井是排水系统中用于管道连接与转换方向的过渡设施，还可作为平时管道检查和疏通之用。化粪池是目前住宅及公共建筑中生活污水沉淀和分解粪便的中转设施，城市有排污系统的一般不设置。

（4）铺管。铺管一般以两个窨井之间的距离作为一个工作段。铺管前应在两个窨井之间拉好准线，丈量其长度，确定管子数量，再将混凝土管排放在沟边，管子的就位应从低处向高处进行。下管时应注意管子承插口高的一端，且应根据垫层上已弹出的管线位置将管子对中接好。下管时应注意管子承插口的方向，管子就位时要根据垫层上面已弹好的位置线对中就位，在管子垫层两侧先用碎石垫卡住，并在每节管子的承插口下面铺抹好水泥砂浆。铺管时，第一节管子应伸入窨井内，伸入的长度应视窨井壁厚度而定。一般应与窨井内壁齐平，不允许缩入窨井壁之内。管底标高要比流出的管子高 150 mm，比窨井底高 300 mm，以便清理污垢。当第二节管子插入第一节管子的承插口后，应按准线校正平直，并用 1：2 的水泥砂浆将承插口内一圈全部嵌塞严密封好口，再在承插口处抹成环箍状，抹带的形式有圆弧形抹带和梯形抹带（图 8-2）。以后各节管子的铺法都依此进行。为了保证管道铺设稳固，在每节管子都封口完成后，还要在管子的两侧用混凝土填实做成斜角。

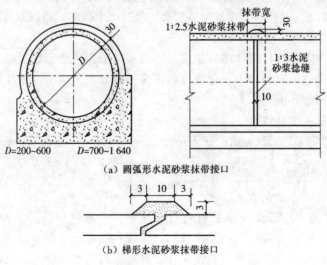

D=200~600   D=700~1 640

（a）圆弧形水泥砂浆抹带接口

（b）梯形水泥砂浆抹带接口

图 8-2　抹带形式

管道严禁铺放在冻土和松土上，铺管过程中，要求管子接口填嵌密实，灰口平整光滑，养护要良好。

（5）闭水试验。管道铺设完毕，并经窝管与养护后，要进行闭水试验。若发现有渗水一定要进行修补。

（6）回填土。闭水试验完全符合要求后，即可进行回填土。回填土时，应注意不要将石块与碎渣之类一起填入，以免砸坏管子，也不利填实土层。回填土应在管子两侧同时对称进行，逐层夯实，用力均匀。回填土完成后的标高应比原地面高出 50～100 mm。

二、窨井和化粪池砌筑

1. 窨井的砌筑工艺流程

准备工作 ⟶ 浇筑井底板 ⟶ 砌筑井壁 ⟶ 井壁内外抹灰 ⟶ 安装井圈座与井盖

2. 窨井砌筑操作要点

因窨井坑在开挖管沟的同时已按设计标高和要求开挖好了，所以在做好砌筑窨井的材料、工具和作业条件等准备工作后，便可进行窨井的砌筑。其操作要点如下：

（1）浇筑井的底板。砌筑窨井前，应用混凝土浇筑好窨井的底板，其浇筑方法与浇筑管沟垫层操作方法相同，只是没有坡度。当井较深且荷载较大时，井底板可做成钢筋混凝土板。

（2）井壁的砌筑。井壁砌筑通常为一砖厚，方井壁一般采用一顺一丁法砌筑，而圆井壁则多采用全丁砌筑。井壁砌筑一般不准留槎，四周围应同时砌筑，错缝要正确，砂浆要饱满。

（3）井的砌边收分。砌筑窨井时，还应根据窨井口与井底的直径（方井为边长）的大小及井的深度情况计算好收坡（分）尺寸，可定出一皮砖或几皮砖应收分多少，以便在砌筑井壁过程中边砌边收分。砌到井口时应留出井圈座和井盖的高度。

（4）及时安放爬梯铁脚。有的井壁在砌筑过程中还要由井底往上每五皮砖处要安放一个爬梯铁脚（事先要涂好防锈漆）。安放爬梯铁脚一定要稳固牢靠。

（5）井壁抹灰。井壁砌筑完毕经质量检查合格后，应用 1∶2 水泥砂浆将井壁内外抹好灰，以防渗漏。

（6）安放井圈座和井盖。安放井圈座和井盖前，在窨井顶面砖侧要找好水平线，铺好水泥砂浆，再将圈座安放在井身上，待砂浆终凝后，将井盖放入井圈座，经检查合格后，再在井圈座四周用水泥砂浆抹实压光。窨井砌筑完成后必须经过闭水试验。待试验合格后即可回填土。

3. 化粪池砌筑

化粪池由底板、隔板、顶板和墙板组成。其底板多采用现浇钢筋混凝土，顶板多采用预制钢筋混凝土板，池壁一般为砖砌。化粪池的深度一般要大于 3 m，而且要设置在冻土层以下。化粪池示意图如图 8-3 所示。

（1）化粪池砌筑工艺流程。

准备工作 ⟶ 浇筑底板 ⟶ 砌筑墙体 ⟶ 安装隔板 ⟶ 内外抹灰 ⟶

浇筑顶板或安装顶板 ⟶ 砌筑检查井 ⟶ 回填土

（2）化粪池砌筑操作要点。

1）施工准备。施工准备工作包括材料、工具和作业条件准备。除准备砖、水泥、砂、石等材料和工具外，还应准备好井内爬梯铁脚、铸铁井圈座、井盖等。砌筑前要检查井坑挖土是否完成，校核井底中心线位置、直径尺寸和井底标高是否无误；铺设的管道是否已接到井位处等。上述准备工作完成后，便可进行化粪池的施工。

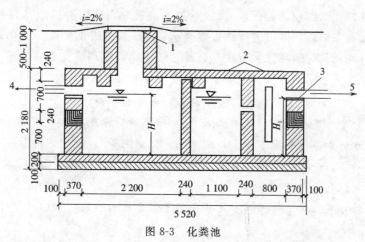

图 8-3 化粪池

1—井盖；2—顶板；3—支架；4—进水管；5—出水管

2）浇筑底板。浇筑化粪池底板的混凝土应根据设计要求的强度等级和试验室的配合比进行拌制，搅拌时间不得少于 2 min，且每座化粪池底板都要制作一组混凝土试块。当底板浇筑混凝土厚度在 300 mm 以内时，应一次浇筑完成；当大于 300 mm 时最好分层进行浇筑。

3）砌筑井壁墙体。化粪池的池壁砌筑与一般砖墙砌筑方法相同。化粪池砌筑前应将已浇筑好的底板表面清扫干净，弹出池壁位置线并浇水湿润。池壁墙体与隔墙（若不安放隔板时）应同时进行砌筑，不得留槎。砌筑过程中要按照皮数杆上的洞孔、管道位置和安放隔板的槽口位置预留。

砌筑化粪池墙体时，应先砌四周盘角并随时检查其垂直度，中间墙体砌筑要拉准线进行，以保证墙体平整度。墙体砌筑要求密实，砂浆饱满，水平灰缝砂浆饱满度不得小于80％；外墙不得留槎，墙体上下错缝，无通缝。在砌筑过程中要特别注意根据皮数杆上预留洞孔的位置标记，在墙上按设计标高预留好规定的孔洞，这是化粪池砌筑的关键。化粪池内隔板的安装要嵌填牢固，如图 8-4 所示。

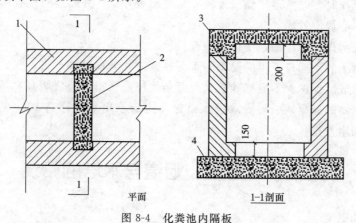

图 8-4 化粪池内隔板

1—砖砌体；2—混凝土隔板；3—混凝土顶板；4—混凝土底板

4）内外抹灰。在化粪池外池壁砌筑过程中，对外侧池壁要随砌随抹灰，池壁砌筑完成后，进行墙身抹灰。其抹灰应按普通抹灰进行，且抹灰的厚度和密实度要掌握好，内壁一般分三层抹灰。

5）浇筑顶板或安装顶板。化粪池的顶板（或盖板）一般可为现浇混凝土（盖板也有采用板上留有检查井孔洞的预制盖板），顶板混凝土浇筑时，应留有检查井孔和出渣孔。当池壁砌筑完成并抹灰完毕后，即可进行顶板混凝土浇筑。检查井的砌筑是在化粪池的顶板浇筑完成盖好后进行的，其砌筑和抹灰方法与窨井相同。化粪池砌筑完成后应进行抗渗试验。当抗渗试验符合要求无渗漏后，才能回填土，且要分层夯实。

砌筑砂浆中的其他砂浆的介绍

（1）防水砂浆。是在水泥砂浆中加入 3‰～5‰ 的防水剂制成的防水砂浆。防水砂浆应用于需要防水的砌体（如地下室、砖砌水池、化粪池等），也广泛用于房屋的防潮层。

（2）嵌缝砂浆。一般使用水泥砂浆，也可使用石灰砂浆。其主要特点是砂子必须采用细砂或特细砂，以利于勾缝。

（3）聚合物砂浆。是一种掺入一定量高分子聚合物的砂浆，一般用于有特殊要求的砌筑物。

三、管道铺设和砌筑窨井与化粪池应注意的质量问题

1. 渗漏、堵塞、留孔位置不准

产生渗漏的主要原因是：基础承载力不够，发生不均匀沉降；砌筑不密实、抹灰层有空鼓裂缝；基槽内有积水，管子接口嵌填不密实及管子有裂缝和砂眼等。

产生堵塞的主要原因是：砂浆、水泥等杂物掉进管道。

产生留孔位置不准的主要原因是：没有按皮数杆上的孔洞标志及时留孔。

2. 圆井失圆、偏斜

造成圆井失圆、偏斜的主要原因是：排砖时没考虑和计算好收分尺寸，或砌筑过程中对圆度检查和控制不够，以及对中心位置的吊挂检查不严和井圈砌筑面不水平等。

3. 预防的办法和措施

（1）要保证管材质量。

（2）基槽内及时排水、清理夯实，保证地基满足承载力要求。

（3）砌筑操作时要严格遵守操作规程和掌握砌筑方法，并要经常检查墙体垂直度、灰缝饱满度和垂吊中心线位置。

（4）预留孔洞操作要仔细，要认真检查校核。

（5）连接管子的承插口下半圈要坐好水泥砂浆，并分层填嵌严密、封好口。

（6）要注意成品保护。不要把砂浆水泥等杂物掉进管道而造成堵塞。还要注意化粪池的污水进口和出水口的标高，一般要求进水口标高应高于出水口标高 100～150 mm，以利于经过处理后的污水外排。

第二节　烟囱、烟道与水塔的砌筑

一、烟囱的砌筑

1. 烟囱砌筑的技术要求

（1）定位和中心轴线控制。

1）定位。钢筋混凝土基础底板浇筑完未凝固前，应将烟囱前后左右龙门板用经纬仪校核一次，确认正确无误后，拉紧两对龙门板的中线，两对中线的交叉点即为烟囱的中心点。将中心点用线锤引测到基础面，把预埋铁件对准中心点埋入基础内。在混凝土养护的过程中要注意

保护预埋铁件，防止移动与倾斜。混凝土凝固后，复核一次中心位置，并用红漆标示。

2）中心轴线控制。烟囱在砌筑过程中，每砌高0.5 m（约6皮砖），要校核中心轴线一次。其方法如下：将十字杠架放在烟囱口上，大线锤上的钢丝系挂在架下的吊钩上，前后左右移动十字杠，使线锤的锤尖对准基础中心。套上轮圆杆并回转一周，检查收分后，看轮圆杆的刻度与实际筒身圆周是否相符，如相符则说明囱身的中心无误。检查烟囱的工具与方法如图8-5所示。

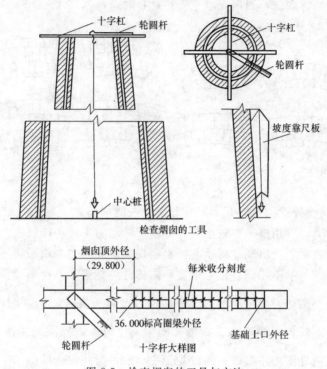

图8-5　检查烟囱的工具与方法

（2）烟囱标高的控制。烟囱基础砌出地面后，用水平仪在砌体外壁定出±0.000标高，并用红漆做出标记。以后每砌高5 m或筒身厚度变更时，均用钢皮尺以±0.000为准，垂直往上量出各点标高并用红漆标明。烟囱附属设施的埋设，腰线、挑檐和通气孔的设置位置均应以此点为控制标准。

（3）烟囱垂直度的控制。烟囱的筒壁由下而上逐渐收分，一般收分的坡度为1.5%～2.5%。还要保证烟囱垂直度的准确，要按规定在适当的地方，用坡度靠尺板来检查。坡度靠尺板的外观和用法，如图8-5所示，一般宽10 cm，长150 cm，墨线弹在板的中心，靠烟囱外墙一侧应按设计坡度加工成坡度面。检查时，坡度靠尺板坡度面贴在烟囱筒壁，如线锤对准板上垂直基线，则表明烟囱的垂直度是准确的；如偏离垂直基线，则应及时校正墙面。

2. 工艺流程及操作要点

（1）工艺流程。

底板浇筑 —→ 基础砌筑 —→ 外壁砌筑 —→ 内衬砌筑 —→ 隔热层设置 —→ 附属设备安装

（2）操作要点。

1）基础砌筑。钢筋混凝土底板浇筑完成以后，根据施工要求用水平仪测出基础顶面标高，并在底板的侧面用红漆画出标高记号。基础面不平要用1：2水泥砂浆找平，再以基础中心为圆心弹出基础外壁面的圆周线，即可浇水润湿进行基础砌筑。

开始砌筑时，先要摆砖撂底，砖的排列一般采用丁砖，以保证外形的规整，筒壁砌体砖缝交错，如图 8-6 所示。砌体上下两层放射状砖缝，应错开 1/4 砖，环状砖缝应错开 1/2 砖，为达到错缝要求，可用半砖进行调整。通常水平灰缝厚度为 8～10 mm，垂直灰缝内圈不小于 5 mm，外圈不大于 12 mm。基础有大放脚的与砖墙一样向中心收退，基础的高度与皮数由小皮数杆控制。一般烟囱基础墙没有收分，呈圆柱形，可用普通托线板检查垂直度。基础的内衬要与壁同时砌筑，当需要填充隔热材料时，每砌高 4～5 皮砖即填塞一次。

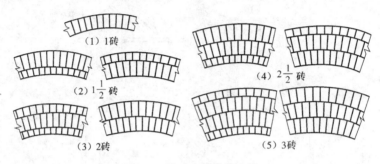

(1) 1砖

(2) $1\frac{1}{2}$砖

(3) 2砖

(4) $2\frac{1}{2}$砖

(5) 3砖

图 8-6　筒壁砌体砖缝交错

2) 外壁的砌筑。外壁砌筑时开始要收分，并按图样要求砌好出灰口与烟道及其附壁砖垛。囱身直径较大时，可用整砖；较小时，为使灰缝均匀，可将砖砍成楔形。加工后砖的宽度减小，砌一定皮数后，会出现放射状灰缝直通现象，此时砌两块顺砖进行调整。外壁的水平与垂直灰缝的要求与基础相同。但上下皮环向砖缝应交错，不得形成同心圆环。

为避免形成同心圆环，对壁厚度为 $1\frac{1}{2}$ 砖的，砌第一皮砖，半砖在外圈，整砖在内圈，砌第二皮时，内外圈对调；厚度为 2 砖的，砌第一皮时，内外圈均用半砖，中间一圈用整砖，到第二皮时，内外圈均用整砖；厚度为 $1\frac{1}{2}$ 砖的，第一皮砖外圈用半砖，里面两圈用整砖，到第二皮时，半砖调到里面圈，外面两圈用整砖；其余 3 砖及 3 砖以上按此类推。对于多圈的壁，一般先砌外圈，再砌内圈，最后填心。

筒壁上的内衬悬壁，应以台阶式向内挑出，其宽度为内衬和隔热层的总厚度，但每一台阶挑出部分的长度不大于 60 mm，挑出部分各台阶的高度，应不小于 120 mm。

烟囱顶部筒应以台阶形式向外挑出，其挑出的宽度以 180 mm 为宜，但每一台阶挑出的长度应不大于 60 mm，高度不小于 120 mm。

3) 内衬的砌筑。为了降低筒壁内外的温度差，减少温度应力和防止侵蚀性气体的侵蚀，筒身和烟道内需砌筑内衬、设置隔热层。烟囱内衬和隔热层的构造如图 8-7 所示。砖烟囱的内衬一般是随着筒壁同时砌筑的。衬壁厚为半砖的顺砖砌筑，错缝搭接为半砖；衬壁厚度为一砖的用丁砖、顺砖交替砌筑，错缝搭接为 $\frac{1}{4}$ 砖。

用普通砖砌内衬时，灰缝厚度不得大于 8 mm，当烟囱内气温低于 400℃时，可用 M2.5 混合砂浆砌筑，高于 400℃时，则用黏土砂浆砌筑。用耐火砖砌筑的内衬，灰缝厚度不得大于 4 mm，垂直与水平缝要饱满密实，烟囱身与内衬面的空气隔热层中不允许落入砂浆或砖屑。设计要求填充隔热材料时，每砌 4～5 皮砖就要填充一次，并轻轻捣实。为了保证内衬的稳定和牢固，水平方向沿囱身周长每隔 1 m，垂直方向每隔 0.5 m，上下交错地挑出一块砖与烟囱壁顶住。内衬砌好后经检查合格，在内衬表面涂刷耐火泥浆或黏土浆一遍，最后砌烟囱底部耐火砖。

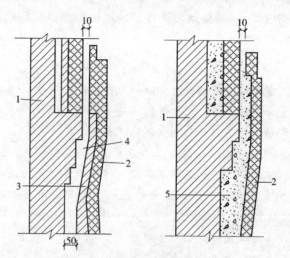

图 8-7　烟囱内衬和隔热层的构造

1—筒身；2—内衬；3—硅藻土隔热层；4—空气隔热层；5—散粒体隔热层

　4）隔热层的设置。隔热层材料常用高炉水渣、矿渣棉、膨胀蛭石等，也可用空气作隔热层。为了使内衬受热后能自由膨胀，在搭接处应留出宽为 10 mm 的温度缝，如图 8-7 所示。内衬与筒壁之间，空气隔热层的厚度一般为 5 cm；以高炉水渣、蛭石、矿渣棉等松散的隔热材料做隔热层时，其厚度应为 8～20 cm。为防止松散的隔热材料长期使用后体积压缩使内衬与筒壁之间形成空隙，导致筒壁局部受热而产生裂纹，应沿高度每隔 1.5～2.5 m 处，从内衬挑出一圈砌体做防沉带。防沉带与筒壁之间应留出 10 mm 的温度缝，如图 8-8 所示。

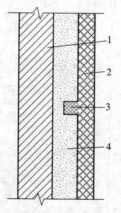

图 8-8　内衬防沉带

1—筒身；2—内衬；3—防沉带；4—隔热层

　5）附属设备的安装。主要的附属设备有爬梯、护身环、箍紧圈、休息平台、避雷针及信号灯等。爬梯的作用是检查及修理烟囱、信号灯和避雷设施等，一般设在烟囱外部。爬梯是用 $\phi 19\sim\phi 25$ 的圆钢做成的，从离地面 2.0 m 处开始安装，砖烟囱的爬梯，每隔五层砖左右交错或并列埋置一个，顶部比烟囱的顶部高出 80～100 cm。高度大于 50 m 的烟囱，离地面 10～15 m 以上的爬梯外面须设安全金属围栏。为了中途休息，爬梯上时每隔 10 m 设一个休息板。

　为使飞机在夜间飞行时不致偶然撞烟囱，高度 50 m 以上的烟囱，在烟囱顶部以下 5 m

处和筒身中部要设置信号灯平台。

避雷装置包括避雷针、导线和接地线等。避雷针的尖端一般高出烟囱身 1.8 m，导线沿爬梯导至地下，埋入土中 0.5 m 与接地板连接。接地板沿烟囱基础周围呈环状布置，每隔 5 m 设置一根，回填土时埋置好。

烟囱的构造的介绍

烟囱的外形分方、圆两种。圆烟囱的构造，分为基础、筒身、内衬、隔热层及其附属设施（如铁爬梯、护身环、箍紧圈、休息平台、避雷针及信号灯等）。烟囱筒身的底部留有出灰洞出灰，并留有烟道口，以便与烟道连接，如图 8-9 所示。

砖砌烟囱的基础通常用现浇钢筋混凝土浇筑，筒身采用不低于 MU10 的砖砌筑，并用和易性好且强度等级不低于 M5 水泥砂浆砌筑。筒身砌筑时，按高度分成若干段，每段的高度一般为 10~15 m，每段筒壁的厚度由计算确定，并由下而上逐渐减薄。筒身内气温高于 500℃ 时，内衬应采用耐火砖砌筑。

隔热层分空气隔热层与填充隔热层（如矿渣棉、蛭石等）两种。空气层隔热的烟囱，可在筒身上开设通气孔，并应上下交叉布置。附属设施均为金属构（配）件，按设计标高埋设，安装前应在地上按规定预先刷好防锈漆。

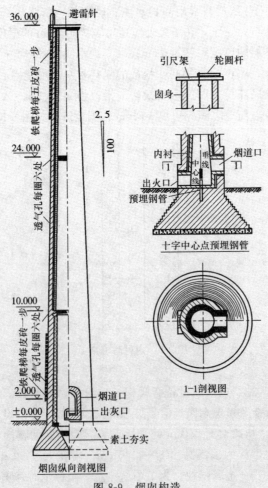

图 8-9　烟囱构造

二、烟道的砌筑

从烟囱底部的烟道口至炉窑的出烟口这一段叫做烟道,烟道的断面如图 8-10 所示。烟道的外壁与内衬应同时砌筑,砌到拱脚高度后,要按拱脚标高安装内衬拱圈胎模,然后砌筑筒拱。如内衬采用耐火砖时,则应用异型耐火砖砌筑。半砖厚的筒拱,按砖长侧砌,相邻两砖交错搭接半砖,灰缝宽度一般在 2~3 mm,最大不超过 4 mm,砂浆要饱满密实,做到不透烟。砌筑时从两侧拱脚开始逐渐砌到拱顶,内衬砌好,铺上草帘作外壁筒拱胎模,同样从两侧逐渐向中心砌筑外壁筒拱,砌好后在拱圈灰缝中用水泥砂浆灌缝,待强度达到要求后拆模。

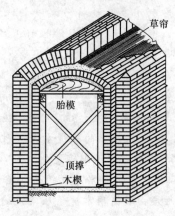

图 8-10　烟道断面

烟道与烟囱底部的烟道口及炉窑的出烟口的衔接处应留沉降缝,并用石棉绳堵塞严密。最后进行烟道底面铺砖,其铺法可参照铺砌各种砖石地面的相关内容。

三、水塔的砌筑

砖砌水塔由基础、塔身、水箱三部分组成。基础有钢筋混凝土和砖砌基础两种。塔身为圆筒形或圆锥形砖砌体,水箱多为钢筋混凝土砌筑,也有砖砌的,但箱身高度不高。

砖砌水箱的箱身为砖砌体,盖板和底板仍为钢筋混凝土制作。为了增强水塔的稳定性与刚度,通常每节浇灌钢筋混凝土圈梁一环。其砌筑要求和圆烟囱相同。砌筑时,对中垂直度用十字杠检查,外壁垂直平整度用普通 2 m 托线板检查。外壁灰缝随砌随勾,做成风雨缝。

水塔的筒身、水箱壁的砌筑与烟囱相同,但应注意下列几点:

(1)砌筑用砖与砂浆的强度等级应按图样要求执行,切实按规定错缝搭接,做到砂浆饱满密实,以增强砌体的环向拉力。

(2)砌筑前砖要适当浇水湿润,检查方法是将砖砍断,如四周一环均湿,中间是干的即可。

(3)底板上的预留插筋,应认真按要求埋入砌体内,水箱壁上埋置的铁件(如铁爬梯等)应用 M10 水泥砂浆窝牢,并用砖压实。

(4)砌到工作平台或泵房平台时,要检查标高尺寸是否符合要求。平台现浇钢筋混凝土板四周和筒身要整体连接。

(5)预留的门、窗口两边要垂直,不要留成喇叭形,以免造成门、窗安装困难。

(6)顶部水箱和砌体的连接钢筋应按图样要求认真地砌在砌体中,以保证水箱和筒身的牢固连接。

(7)砌筑时和砌烟囱一样,每砌 2 m 应进行对中垂直度、筒身圆度、标高、外壁的垂直平整度的全面检查，达到控制筒身符合图样和规范的要求。

(8) 筒身的附属设施，如爬梯、避雷针、水管支架等均应按图样要求准确砌入塔身。

(9) 盖板达到强度后，即可拆模，在水箱壁上粉刷防水砂浆，并应加强养护。

(10) 试水时，应细心观察水箱壁有无渗水现象，如有应立即修补好。

特种砂浆的介绍

建筑工程中，用于满足某种特殊功能要求的砂浆叫做特种砂浆，常用的有以下几种：

(1) 防水砂浆。用作防水层的砂浆称为防水砂浆。这种防水层也叫刚性防水层。其施工方法有两种：一是喷浆法，即利用高压枪将砂浆以每秒约 100 m 的高速喷至建筑物表面，砂浆被高压空气强烈压实，密实度增大，抗渗性好；另一种是人工多层抹压法，即将砂浆分几层抹压，以减少内部毛细连通孔，增大密实性，达到防水效果。这种防水层做法，对施工操作的技术要求很高。随着防水剂产品日益增多以及性能的提高，在普通水泥砂浆中掺入一定量的防水剂而制得的防水砂浆，是目前应用最广的防水砂浆品种。

防水砂浆的配合比：水泥与砂一般不宜大于 1：2.5，水灰比应为 0.50～0.60，稠度不应大于 80 mm。水泥宜选用 32.5 级以上的普通水泥，砂子应选用洁净的中砂。防水剂掺量按生产厂推荐的最佳掺量，最后需经试配确定。

人工涂抹时，一般分 4～5 层抹压，每层厚度约为 5 mm。1、3 层可用防水水泥净浆，2、4、5 层用防水水泥砂浆，每层初凝前用木抹子压实一遍，最后一层要压光。抹完后应加强养护。

由防水砂浆构成的刚性防水层仅适用于不受振动和具有一定刚度的混凝土或砖、石砌体工程。对于变形较大或可能发生不均匀沉陷的建筑物，都不宜采用刚性防水层。

(2) 保温砂浆。保温砂浆是以水泥、石灰膏、石膏等胶凝材料与膨胀珍珠岩砂、膨胀蛭石、火山渣或浮石砂、陶砂等轻质多孔骨料按一定比例配制成的砂浆，具有轻质、保温特性。

常用的保温砂浆有水泥膨胀珍珠岩砂浆、水泥膨胀蛭石砂浆、水泥石灰膨胀蛭石砂浆等。水泥膨胀珍珠岩砂浆用 32.5 级普通水泥配制时，其体积比为水泥：膨胀珍珠岩砂＝1：(12～15)，水灰比为 1.5～2.0，热导率为 0.067～0.074 W/(m·K)，可用于砖及混凝土内墙表面抹灰或喷涂。水泥石灰膨胀蛭石砂浆是由水泥：石灰膏：膨胀蛭石（体积比）＝1：1：(5～8) 配制而成的。其热导率为 0.076～0.105 W/(m·K)，可用于平屋顶保温层及顶棚、内墙抹灰。

(3) 吸声砂浆。由轻骨料配制成的保温砂浆，一般具有良好的吸声性能，故也可作吸声砂浆用。另外，还可用水泥、石膏、砂、锯末配制成吸声砂浆。若在石灰、石膏砂浆中掺入玻璃纤维、矿棉等松软纤维材料，也能获得吸声效果。吸声砂浆用于有吸声要求的室内墙壁和顶棚的抹灰。

(4) 耐酸砂浆。在用水玻璃和氟硅酸钠配制的耐酸涂料中，掺入适量由石英石、花岗石、铸石等制成的粉及细骨料可拌制成耐酸砂浆。耐酸砂浆用于耐酸地面和耐酸容器的内壁防护层。

(5) 辐射砂浆。在水泥砂浆中掺入重晶石粉、重晶石砂，可配制成具有防 X 射线能力的砂浆。其配合比约为水泥：重晶石粉：重晶石砂＝1：0.251：(4～5)。在水泥浆中掺入硼砂、硼酸等可配制成具有防中子辐射能力的砂浆。

第三节　铺砌各种砖石地面

一、砖墁地面铺砌

砖墁地面一般用于室内简易地面及室外走道、散水等处。砖墁地面的铺砌方法分为坐浆和干砂铺砌两种。按砖的摆铺形式又分为陡铺和平铺。其铺砌的花纹形式有直缝式、席纹式、人字纹式等，如图 8-11 所示。砖铺散水如图 8-12 所示。

直缝式　　　　　　　　席纹式　　　　　　　　人字纹式

图 8-11　砖墁地面形式

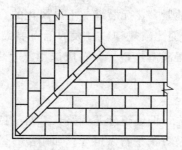

图 8-12　砖铺散水

1. 铺地面前的准备工作

1）除常用工具外，还需要木锤一把、水平尺及方尺各一把。

2）铺砖前先检查垫层是否坚实，有无高低不平，对不够坚实或高低不平处应做处理。然后按水平桩或四周墙上弹的水平线铺砖。

3）砖在使用前应进行挑选，强度等级和品种不同的砖不得混用，有裂缝、掉角、扭曲的砖和小于半块的碎砖应剔除。

2. 砖铺地面的操作要点

（1）干砂铺砌操作要点。首先把垫层清扫干净，铺砖前在垫层上先铺一层干砂，按标高找平。测出房间或走道中线，按中线在其两端各铺好一块砖，并拉好准线，按准线铺砖墁地面。砖缝宽一般为 2～3 mm，相邻两行砖的错缝一般为半砖。

铺砖的顺序：在室内由里向外退或从房间的中间向四周铺砌；人行道、散水处应先铺好边角处的陡砖，再铺砌中间的砖，铺砖应按排水方向留出泛水。待全部铺砌完成后，用干砂灌缝（湿砂不易灌密实，不宜采用）。密实的砖墁地面，每块砖均应被干砂挤紧至密实、牢固，踩上去应不翘、不晃动。最后将表面浮砂清扫干净。

（2）坐浆铺砌操作要点。一般多用于铺砌水泥面砖，有直接铺砌在夯打密实的土质垫层上的，也有铺砌在混凝土垫层上的。其操作要点如下：

1）施工准备。无论采用何种垫层，铺砌前应将垫层清扫干净，并浇水湿润。水泥面砖须提前湿润。

2）排砖拉准线。铺砌时在预先排砖的基础上，先按标高铺好四边的砖，然后以铺好的砖为准，拉准线，再逐块铺砌。

3）坐浆铺砌。坐浆可用 1：3 的水泥砂浆或混合砂浆，稠度以手捏成团不散为宜。砂浆铺砌长度以 3～4 块砖长为宜，厚度约 20 mm，要平整均匀。每铺一块砖后，用木锤敲击使砖与砂浆严密地粘合，并用水平尺按标高找平，使其与相邻砖平齐。砖缝宜为 2～3 mm，行与行间每块应错缝 1/2 砖长。

4）灌缝养护。待全部砖铺好后，用 1：1 的水泥干拌细砂灌缝，灌缝密实后，将表面多余砂浆清扫干净，以免凝固在砖面上，最后铺盖草席浇水养护。

二、乱石墁地面

1. 施工准备

（1）做好路面垫层。为使乱石均匀平整地铺砌在坚实的垫层上，使路面保持平整，承压后减少下沉。应先做好路面垫层。垫层一般多用碎石或卵石掺砂土压实，厚度在10～15 cm之间，路面较宽时，路基须起拱。

（2）石料选择。应挑选质地紧密、无裂缝、不易风化的石料。要求石料大小均匀、形状基本一致。毛石要求有 3～4 个面比较规整，过大的毛石要敲打小了使用，对棱角突出不太规则的三棱石，砌铺前要用锤子敲凿修整。卵石应选用比较扁平的，圆滑如蛋者不易砌稳，不宜采用。

2. 铺砌乱石地面的操作要点

（1）铺两侧道牙拉准线。先铺两侧道牙并顺路长沿两侧拉准线，作为铺砌的依据。宜采用形状较规则的砖、混凝土块及方正条石做道牙；如用乱石做道牙，要选用大块、均匀、较方整的毛石，以及规整的面做道牙的顶面及内侧面，毛石道牙要垫稳挤紧。

（2）按线铺砌。铺砌时，先垫一层粗砂，再铺毛石。毛石较规整的面向上作为路面，铺砌方向一般应横向进行，乱石厚薄大小宜略取一致，不能用二层毛石叠砌，尽量利用乱石的自然形状互相挤紧、排列紧密并按排水方向找坡，不应砌成逆排水方向的灰缝。石下要用砂垫平，不能有翘角、活动的现象。沿路线方向的石缝要错开，以免车轮卡在石缝间。最后用干砂灌缝，清扫干净。

三、各种面层砖、预制混凝土块的地面铺砌

1. 施工准备

（1）材料准备。各种面层砖进场均应做好材料的检查验收工作。按设计要求检查规格、品种及强度等级；按样板检查图案和颜色、花纹，并应按设计要求进行试拼。验收时要求砖表面平整光滑，边角整齐方正、无扭曲及缺棱掉角，对花砖还要求色彩明显、均匀。缸砖选材时要求外观尺寸准确，密实坚硬，表面平整，颜色一致无黑斑，不裂、不缺损。预制混凝土大块板的要求同前，品种不同的地面砖不得混杂使用。

面层砖进场后应尽量堆放在可以避雨的室内仓库，如无仓库可以搭设临时棚子防雨。

（2）操作准备。在铺砌面层砖前，应先进行场地抄平，根据设计要求找出泛水，设立好铺砌地面的标高控制点，用以控制铺砌标高。

铺砌操作前应将基层清理干净。基层为砂垫层时，则应将砂垫层铺好，洒水压实后用刮

尺刮平；基层为混凝土材料时，则应用钢丝刷清刷一遍，扫除浮土，并在铺砌前一天将基层洒水湿透，以便使结合层能够很好地与基层黏结。铺缸砖时还应提前将砖浸水 2～3 h 取出阴干后备用。

准备工作还包括有各种工具的整理及专用工具的制做。

2. 面层砖的铺砌操作

（1）干砂铺砌。预制混凝土大块板可用干砂铺砌，其操作要点可参照砖地面干砂铺砌的操作程序进行。

（2）坐浆铺砌。即以砂浆作为面层砖找平的材料进行铺砌，多用于铺砌各种面砖、缸砖及预制混凝土块，操作程序如下：

1）预排砖、弹线。在纵横两个方向预排砖，砖缝宽不宜大于 10 mm。当尺寸不足整块砖的模数时，可将裁割的砖用于边角处；尺寸相差较小时，可调整缝隙。根据确定后的砖数和缝宽，在地面上每隔四块砖弹一根纵横控制线，并严格控制方正。

2）铺砖。铺砌的顺序：如果是房间应先从门口开始铺砌几行砖至房间里端，并找好位置及标高作为挂准线的依据，然后再从里向外退着铺砌。其他地方一般从明显处开始铺砌，最后将不是整块模数的砖赶到不明显处。如果有镶边应先圈边铺砌。

铺砖前先抹好找平层。基层为混凝土板时应先刷一道素水泥浆，然后以标高控制点为依据做灰饼，用 1∶3 干硬性水泥砂浆冲筋，随后装档抹找平层，找平层用刮尺刮平或用木抹子搓平。铺砖时纵缝按线比齐，横缝下分格条。垫灰铺砖要稍高于准线，然后放上木拍板，用木锤拍实至跟上准线，然后取出分格条。

3）勾缝。分缝铺砌的地面在 24 h 后用 1∶1 水泥砂浆勾缝，要求勾缝密实，缝深 3 mm，深浅一致，缝内平整光滑。

铺砌不留缝的缸砖或面砖，则要求缝隙平直，用专门的勾缝剂勾缝；或在敲实修整好的砖面上撒干水泥面，用笤帚将其扫入缝内，并用拍板拍振使缝灌满，同时修整高低不平的砖块。

铺砌完的地面要养护，有的要在 24 h 后铺锯末洒水养护，养护期间不得上人、堆物，并做好成品保护工作。

第九章　砌筑工程的季节施工

第一节　冬期施工

一、材料要求

（1）冬期施工所用材料应符合下列规定。

1）石灰膏、电石膏等应防止受冻，如遭冻结，应经融化后使用。

2）拌制砂浆用砂，不得含有冻块和大于 10 mm 的冻结块。

3）砌体用砖或其他块材不得遭水浸冻。

（2）冬期施工砂浆试块的留置，除应按常温规定要求外，尚应增留不少于 1 组与砌体同条件养护的试块，测试检验 28 d 强度。

（3）砖石材料。冬期施工砖石材料除应达到国家标准要求外，还应符合表 9-1 的要求。

表 9-1　冬期施工砖石材料的要求

序　号	材料名称		吸水率（%）	要　求
1	普通黏土砖	实心	≤15	应清除表面污物及冰、霜、雪等
		空心		遇水浸泡后受冻的砖、砌块不能使用
2	黏土质砖	实心	≤8	砌筑时，当室外气温高于 1℃，普通黏土砖
		空心		可适当浇水，但不宜过多，一般以表面吸进
3	小型空心砌块		≤3	10 mm 为宜，且随浇随用
4	加气混凝土砌块		≤70	
5	石材		≤5	应清除表面污物及冰、霜、雪等

注：1. 黏土质砖指粉煤灰砖、煤矸石砖等。

　　2. 小型空心砌块指硅酸盐质砌块。

　　3. 普通砖、多孔砖和空心砖在气温高于 0℃ 条件下砌筑时，应浇水润湿。在气温低于、等于 0℃ 条件下砌筑时，可不浇水。但必须增大砂浆稠度。抗震设防烈度为 9 度的建筑物，普通砖、多孔砖和空心砖无法浇水润湿时，如无特殊措施，不得砌筑。

（4）防冻剂。砌筑时砂浆使用的防冻剂分单组分及复合产品。单组分材料的质量要求应符合相应的国家标准。复合产品使用应是经省、市级以上部门鉴定并认证的产品，其质量要求见厂家产品说明书。

（5）微沫剂。使用的微沫剂应是经省、市以上部门鉴定并认证的产品。主要指标 pH 值在 7.5～8.5 之间；有效成分≥75%；游离松香含量≤10%；0.02% 水溶液起泡率>350%；1.0% 水溶液起泡高度 80～90 mm；消泡时间大于 7 d。微沫剂的掺量一般为水泥用量的 0.005%～0.010%（微沫剂按 100% 纯度计）。使用微沫剂宜用不低于 70℃ 的热水配制溶液，按规定浓度溶液投入搅拌机中搅拌砂浆时，搅拌时间不少于 3 min。拌制的溶液不得冻结。

（6）砌体冬期施工防冻剂宜优先选用单组分氯盐类外加剂（如氯化钠、氯化钙）。当气温不太低时，可采用单掺氯化钠，当温度低于−15℃以下时，可采用双掺盐（氯化钠和氯化钙）。氯盐砂浆的掺盐量应符合表 9-2 的规定。

表 9-2　氯盐砂浆掺盐量（占用水量的百分比）　　　　　　　　（％）

盐及砌体材料种类			日最低气温（℃）			
			≥−10	−15～−11	−20～−16	−25～−21
单掺	氯化纳	砖，砌块石	3	5	7	—
			4	7	10	—
复掺	氯化纳 氯化钙	砖、砌块	—	—	5	7
			—	—	2	3

注：1. 掺盐量以无水氯化钠和氯化钙计。
　　2. 如有可靠试验依据，也可适当增减盐类的掺量。
　　3. 日最低气温低于−20℃时，砌石工程不宜施工。

冬期施工的介绍

　　当日平均气温降低到 5℃ 或 5℃ 以下，或者最低气温降低到 0℃ 或 0℃ 以下时，用一般的施工方法难以达到预期目的，必须采取特殊措施进行施工，方能满足要求，即为冬期施工。

二、氯盐外加剂法施工

　　(1) 掺入氯盐（氯化钠、氯化钙）的水泥砂浆、水泥混合砂浆称为氯盐砂浆，采用这种砂浆砌筑砌体的方法称为氯盐外加剂法。

　　(2) 氯盐砂浆所用氯盐以氯化钠（食盐）为主，气温在−15℃以下时可掺用氯化钠和氯化钙（双盐）。氯盐砂浆的掺盐量随盐及砌体材料、日最低气温而定，应符合表 9-2 的规定。

　　(3) 外加剂溶液配置应采用密度法测定溶液浓度。在氯盐砂浆中掺加微沫剂时，应先加氯盐溶液，后加微沫剂溶液，并应先配制成规定浓度溶液置于专用容器中，然后再按规定加入搅拌机中拌制成所需砂浆。

　　(4) 砂浆配置计量要准确，应以质量比为主，水泥、外加剂掺量的计量误差控制在±2% 以内。

　　(5) 当采用加热方法时，砂浆的出机温度不宜超过 35℃，使用时的砂浆温度应不低于 5℃。

　　(6) 冬期施工砌砖时，砖与砂浆的温度差值宜控制在 20℃ 以内，最大不得超过 30℃。

　　(7) 冬期施工砖浇水有困难时，可通过增加砂浆稠度来解决砖含水率不足而影响砌筑质量等问题，但砂浆最大稠度不得超过 130 mm。

　　(8) 冬期施工砌砖，墙体每日砌筑高度以不超过 1.80 m 为宜，墙体留置的洞口，距交接墙处不应小于 50 cm。

　　(9) 冬期施工砌筑砌块时，不可浇水润湿砌块。砌筑砂浆宜选用水泥石灰混合砂浆，不宜用水泥砂浆或水泥黏土混合砂浆。为确保铺灰均匀，并且与砌块黏结良好，砂浆稠度宜为 50～60 mm。

　　(10) 施工过程中应将各种材料集中堆放，并用草帘草包遮盖保温，砌好的墙体也应用草帘遮盖。

（11）砌块就位后，如发现偏斜，可用人力轻轻推动或用小铁棒微微撬挪移动，发现高低不平，可用木锤敲击偏高处，直至校正为止。也可将块体吊起，重新铺平灰缝砂浆，再安装到水平。不得用石块或楔块等垫在砌块的底部以求平整。

（12）以下工程不应采用氯盐外加剂法施工。

1）对装饰有特殊要求的工程。

2）有高压线路的建筑物（如变电所、发电站等）。

3）热工要求高的工程。

4）使用湿度大于 60％的工程。

5）经常受 40℃以上高温影响的建筑物。

6）经常处于地下水位变化范围及地下未设防水层的结构或构筑物。

外加剂法的介绍

外加剂法是指在水泥砂浆、水泥混合砂浆中掺入一定量的外加剂，促使砂浆中的水泥加速水化及在负温条件下凝结与硬化，获得早期强度，解冻后砂浆的强度及与砖的黏结力在常温下仍能继续增长的施工方法。

三、冻结法施工

冻结法是指采用不掺有化学外加剂的普通水泥砂浆或水泥混合砂浆进行砌筑，砌体砌筑完毕后，不需加热保温等附加措施的一种冬期施工方法。

采用冻结法施工水平分段作业要求如下：

（1）施工中宜采取水平分段施工，有利于合理安排施工工序，进行分期施工，以减少建筑物各部分不均匀沉降和满足砌体在解冻时的稳定要求。

（2）砌筑的墙体不宜昼夜连续作业和集中大量人力突击作业，要求每天的砌筑高度和临时间断处的高度差均不大于 1.20 m，且间断处的砌体应做成阶梯式，并埋设 $\phi6$ 拉结筋，其间距不超过 8 皮砖，拉结筋伸入砌体两边不应小于 1.0 m。

（3）采用冻结法施工时，砌筑前应先测定所砌部位基面标高误差，通过调整灰缝厚度来调整砌体高度的误差，砌体的水平灰缝应控制在 10 mm 以内。

（4）在接槎处调整同一墙面标高和同一水平灰缝误差时，可采用提缝和压缝的办法。砌筑时注意灰缝均匀和砂浆饱满密实，标高误差分配在同一步架的各层砖的水平灰缝中，要求逐层调整控制，不允许集中分配的不均匀做法。接槎砌筑时，应仔细弄清楚接槎部位的残留冰雪或已经冻结的砂浆。在进行接槎砌筑时，砂浆必须密实饱满，水平灰缝的砂浆饱满度不得低于 80％。

（5）墙体砌筑过程中，为了达到灰缝平直、砂浆饱满和墙面垂直及平整的要求，砌筑时必须做到皮上跟线、三皮一吊、五皮一靠，并且还要随时目测检查，发现偏差及时纠正，保证墙体砌筑质量。对超过五皮的砌体，如发现歪斜，不准敲墙、砸墙或撬墙，必须拆除重砌。

（6）在墙和基础的砌体中，不允许留设未经设计同意的水平槽和斜槽。留置在砌体中的洞口、沟槽等，宜在解冻前填砌完毕。

（7）冻结法砌筑的墙体，在解冻前要进行检查，解冻过程中应组织观测，必要时还需进行临时加固处理，以提高砖石结构的整体稳定性和承载能力，但临时加固不得妨碍砌体的自然沉降，或使砌体的其他部分受到附加荷载作用。在砌体解冻后，砂浆硬化初期，临时加固件应继续留置,时间不少于 10 d。

(8) 冻结法砌筑的砌体在解冻过程中,当发现砌体有超应力变形(如不均匀沉降、裂缝、倾斜、鼓起等)现象时,应分析变形发生的原因,并立即采取措施,以消除或减弱其影响。

(9) 在解冻期进行人工观测时,应特别注意观测多层房屋下层的柱和窗间墙、梁端支撑处、墙的交接处和梁模板支撑处等地方。此外还必须观测砌体的沉降大小、方向和均匀性,以及砌体灰缝内砂浆的硬化情况。

(10) 观测应在整个解冻期内不间断地进行,根据各地气温状况不同,一般不应少于 15 d。

冻结法的介绍

  冻结法是采用普通水泥砂浆,铺砌完毕后,允许砌体冻结的施工方法。

四、暖棚法施工

暖棚法砌筑多用于较寒冷地区的地下工程和基础工程的砌体砌筑。

(1) 采用暖棚法施工,棚内的温度要求一般不低于 5℃。

(2) 在暖棚法施工之前,应根据现场实际情况,结合工程特点,制订经济、合理、低耗、适用的方案措施,编制相应的材料进场计划和作业指导书。

(3) 采用暖棚法施工时,对暖棚的加热优先采用热风机装置。在利用天然气、焦炭炉或火炉等加热时,施工时应严格注意安全防火或煤气中毒。对暖棚的热耗应考虑围护结构的热量损失。

(4) 采用暖棚法施工,搭设的暖棚要求坚实牢固,并要齐整而不过于简陋。出入口最好设一个,并设置在背风面,同时做好通风屏障,并用保温门帘。

(5) 施工中应做好同条件砂浆试块制作与养护,并同时做好测温记录。

暖棚法的介绍

  将被养护的混凝土的构件或结构置于搭设的棚中,内部设置散热器、排管、电热器或火炉等加热棚内空气,使混凝土处于正常温度环境下养护的方法。

五、质量标准

(1) 当室外日平均气温连续 5 d 稳定低于 5℃时,砌体工程应采取冬期施工措施。

(2) 冬期施工的砌体工程质量验收除应符合《砌体结构工程施工质量验收规范》(GB 50203—2011) 的要求外,尚应符合现行行业标准《建筑工程冬期施工规程》(JGJ/T 104—2011) 的有关规定。

(3) 砌体工程冬期施工应有完整的冬期施工方案。

(4) 冬期施工所用材料应符合下列规定。

1) 石灰膏、电石膏等应防止受冻,如遭冻结,应经融化后使用。

2) 拌制砂浆用砂,不得含有冰块和大于 10 mm 的冻结块。

3) 砌体用块体不得遭水浸冻。

(5) 冬期施工砂浆试块的留置,除应按常温规定要求外,尚应增加 1 组与砌体同条件养护的试块,用于检验转入常温 28 d 的强度。如有特殊需要,可另外增加相应龄期的同条件养护试块。

(6) 地基土有冻胀性时，应在未冻的地基上砌筑，并应防止在施工期间和回填土地基受冻。

(7) 冬期施工中砖、小砌块浇（喷）水湿润应符合下列规定。

1) 烧结普通砖、烧结多孔砖、蒸压灰砂砖、蒸压粉煤灰砖、烧结空心砖、吸水率较大的轻骨料混凝土小型空心砌块在气温高于 0℃ 条件下砌筑时，应浇水湿润；在气温低于或等于 0℃ 条件下砌筑时，可不浇水，但必须增大砂浆稠度。

2) 普通混凝土小型空心砌块、混凝土多孔砖、混凝土实心砖及采用薄灰砌筑法的蒸压加气混凝土砌块施工时，不应对其浇（喷）水湿润。

3) 抗震设防烈度为 9 度的建筑物，当烧结普通砖、烧结多孔砖、蒸压粉煤灰砖、烧结空心砖无法浇水湿润时，如无特殊措施，不得砌筑。

(8) 拌和砂浆时水的温度不得超过 80℃，砂的温度不得超过 40℃。

(9) 采用砂浆掺外加剂法、暖棚法施工时，砂浆使用温度不应低于 5℃。

(10) 采用暖棚法施工，块材在砌筑时的温度不应低于 5℃，距离所砌的结构底面 0.5 m 处的棚内温度也不应低于 5℃。

(11) 在暖棚内的砌体养护时间，应根据暖棚内温度，按表 9-3 确定。

表 9-3　暖棚法砌体的养护时间

暖棚的温度（℃）	5	10	15	20
养护时间（d）	≥6	≥5	≥4	≥3

(12) 采用外加剂法配制的砌筑砂浆，当设计无要求，且最低气温等于或低于 —15℃ 时，砂浆强度等级应较常温施工提高一级。

(13) 配筋砌体不得采用掺氯盐的砂浆施工。

第二节　雨 期 施 工

一、材料要求

(1) 砌块的品种、强度必须符合设计要求，并应规格一致；用于清水墙、柱表面的砌块，应边角整齐、色泽均匀；砌块应有出厂合格证明及检验报告；中小型砌块尚应说明制造日期和强度等级。

(2) 水泥的品种与强度等级应根据砌体的部位及所处环境选择，一般宜采用 32.5 级普通硅酸盐水泥、矿渣硅酸盐水泥；有出厂合格证明及检验报告方可使用；不同品种的水泥不得混合使用。

(3) 砂宜采用中砂，不得含有草根等杂物；配制水泥砂浆或水泥混合砂浆的强度等级≥M5 时，砂的含泥量≤5%，强度等级＜M5 时，砂的含泥量≤10%。

(4) 应采用不含有害物质的洁净水。

(5) 应采用的掺和料。

1) 石灰膏。熟化时间不少于 7 d，严禁使用脱水硬化的石灰膏。

2) 黏土膏。以使用不含杂质的黄黏土为宜；使用前加水淋浆，并过 6 mm 孔径的筛子，沉淀后方可使用。

3）其他掺和料。电石膏、粉煤灰等掺量应由试验部门试验决定。

（6）对木门、木窗、石膏板、轻钢龙骨等以及怕雨淋的材料如水泥等，应采取有效措施，放入棚内或屋内，要垫高码放并要通风，以防受潮。

（7）防止混凝土、砂浆受雨淋含水过多，而影响砌体质量。

二、雨期施工措施

（1）雨期施工的工作面不宜过大，应逐段、逐区域地分期施工。

（2）雨期施工前，应对施工场地原有排水系统进行检修疏通或加固，必要时应增加排水措施，保证水流畅通；另外，还应防止地面水流入场地内；在傍山、沿河地区施工，应采取必要的防洪措施。

（3）基础坑边要设挡水埂，防止地面水流入。基坑内设集水坑并配足水泵。坡道部分应备有临时截水措施（如草袋挡水）。

（4）基坑挖完后，应立即浇筑好混凝土垫层，防止雨水泡槽。

（5）基础护坡桩距既有建筑物较近者时，应随时测定位移情况。

（6）控制砌体含水率，不得使用过湿的砌块，以避免砂浆流淌，影响砌体质量。

（7）无法施工时，可留接槎缝，但应做好接缝的处理工作。

（8）施工过程中，考虑足够的防雨应急材料，如人员配备雨衣、电气设备配置挡雨板、成型后砌体的覆盖材料（如油布、塑料薄膜等）。尽量避免砌体被雨水冲刷，以免砂浆被冲走，影响砌体的质量。

第三节 安全施工措施

（1）雨期施工基础放坡，除按规定要求外，必须做补强护坡。

（2）脚手架下的基土夯实，搭设稳固，并有可靠的防雷接地措施。

（3）在操作之前必须检查操作环境是否符合安全要求，道路是否畅通，机具是否完好牢固，安全设施和防护用品是否齐全，经检查符合要求后方可施工。

（4）砌基础时，应检查和经常注意基坑土质变化情况，有无崩裂现象。堆放砌筑材料应离开坑边1m以上。当深基坑装设挡土板或支撑时，操作人员应设梯子上下，不得攀跳。运料不得碰撞支撑，也不得踩踏砌体和支撑上下。

（5）墙身砌体高度超过地坪1.2m以上时，应搭设脚手架。在一层以上或高度超过4m时，采用里脚手架必须支搭安全网；采用外脚手架应设护身栏杆和挡脚板后方可砌筑。

（6）脚手架上堆料量不得超过规定荷载，堆砖高度不得超过3皮侧砖，同一块脚手板上的操作人员不应超过两人。

（7）在楼层（特别是预制板面）施工时，堆放机具、砖块等物品不得超过使用荷载。如超过荷载时，必须经过验算采取有效加固措施后，方可进行堆放及施工。

（8）不准站在墙顶上做划线、刮缝及清扫墙面或检查大角垂直等工作。

（9）不准用不稳固的工具或物体在脚手板面垫高操作，更不准在未经过加固的情况下，在一层脚手架上随意再叠加一层。

（10）砍砖时应面向内打，防止碎砖跳出伤人。

（11）用于垂直运输的吊笼、滑车、绳索、刹车等，必须满足负荷要求，且应牢固无损；

吊运时不得超载，并须经常检查，发现问题及时修理。

（12）用起重机吊砖要用砖笼；吊砂浆的料斗不能装得过满。吊杆回转范围内不得有人停留，吊件落到架子上时，砌筑人员要暂停操作，并避开一边。

料斗的介绍

料斗是在塔式起重机施工时，用来垂直运输砂浆，如图 9-1 所示。

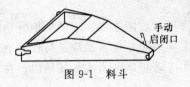

图 9-1　料斗

（13）砖、石运输车辆两车前后距离平道上不小于 2 m，坡道上不小于 10 m；装砖时要先取高处后取低处，防止垛倒砸人。

（14）已砌好的山墙，应临时用连系杆（如檩条等）放置各跨山墙上，使其连系稳定，或采取其他有效的加固措施。

（15）冬期施工时，脚手板上如有冰霜、积雪，应先清除后才能上架子进行操作。

（16）如遇雨天及每天下班时，要做好防雨措施，以防雨水冲走砂浆，致使砌体倒塌。

（17）雨天使用电气设备，要有可靠防漏电措施，防止漏电伤人。

（18）对各操作面上露天作业人员，准备好足够的防雨、防滑防护用品，确保作业人员的健康安全，同时避免造成安全事故。

（19）严格控制"四口五临边"的围护，设置道路防滑条。

（20）雷雨时作业人员不要在高墙旁或大树下避雨，不要走近电杆、铁塔、架空电线和避雷针的接地导线周围 10 m 以内地区。

（21）当有大雨或暴雨时，砌体工程一般应停止。

（22）在同一垂直面内上下交叉作业时，必须设置安全隔板，下方操作人员必须佩戴安全帽。

（23）不准勉强在超过胸部以上的墙体上进行砌筑，以免将墙体碰撞倒塌或上石时失手掉下造成安全事故。

（24）石块不得往下掷。运石上下时，脚手板要钉装牢固，并钉防滑条及扶手栏杆。

（25）已经就位的砌块，必须立即进行竖缝灌浆；对稳定性较差的窗间墙、独立柱和挑出墙面较多的部位，应加临时稳定支撑，以保证其稳定性。

在台风季节，应及时进行圈梁施工，加盖楼板，或采取其他稳定措施。

（26）在砌块砌体上，不宜拉锚缆风绳，不宜吊挂重物，也不宜作为其他施工临时设施、支撑的支承点，如果确实需要时，应采取有效的构造措施。

（27）大风、大雨、冰冻等异常气候之后，应检查砌体是否有垂直度的变化，是否产生了裂缝，是否有不均匀下沉等现象。

参考文献

[1] 中国建筑工业出版社.新版建筑工程施工质量验收规范汇编［M］.修订版.北京：中国建筑工业出版社，2003.

[2] 中华人民共和国住房和城乡建设部.GB 50003—2011 砌体结构设计规范［S］.北京：中国建筑工业出版社，2012.

[3] 中华人民共和国建设部，国家质量监督检验检疫总局.GB 50300－2001 建筑工程施工质量验收统一标准［S］.北京：中国建筑工业出版社，2001.

[4] 中华人民共和国住房和城乡建设部.GB 50203－2011 砌体工程施工质量验收规范［S］.北京：中国建筑工业出版社，2011.